# 海洋结构物可靠性
## 监测与分析方法

张 旭 倪问池 ◎ 著

河海大学出版社
HOHAI UNIVERSITY PRESS

**图书在版编目(CIP)数据**

海洋结构物可靠性监测与分析方法 / 张旭，倪问池
著. -- 南京：河海大学出版社，2023.12
ISBN 978-7-5630-7937-7

Ⅰ．①海… Ⅱ．①张… ②倪… Ⅲ．①海洋沉积物-
海洋监测②海洋沉积物-分析方法 Ⅳ．①P736.21

中国国家版本馆 CIP 数据核字(2023)第 185555 号

| | | |
|---|---|---|
| 书　　名 | 海洋结构物可靠性监测与分析方法 | |
| | HAIYANG JIEGOUWU KEKAOXING JIANCE YU FENXI FANGFA | |
| 书　　号 | ISBN 978-7-5630-7937-7 | |
| 责任编辑 | 张心怡 | |
| 责任校对 | 金　怡 | |
| 封面设计 | 张世立 | |
| 出版发行 | 河海大学出版社 | |
| 地　　址 | 南京市西康路 1 号(邮编:210098) | |
| 电　　话 | (025)83737852(总编室)　(025)83722833(营销部) | |
| 经　　销 | 江苏省新华发行集团有限公司 | |
| 排　　版 | 南京布克文化发展有限公司 | |
| 印　　刷 | 苏州市古得堡数码印刷有限公司 | |
| 开　　本 | 718 毫米×1000 毫米　1/16 | |
| 印　　张 | 9.75 | |
| 字　　数 | 170 千字 | |
| 版　　次 | 2023 年 12 月第 1 版 | |
| 印　　次 | 2023 年 12 月第 1 次印刷 | |
| 定　　价 | 56.00 元 | |

# 目录

# 第 1 章

## 绪 论

## 1.1 背景及意义

近年来,海洋工程逐渐从油气作业领域扩展到海上风电设备、离岸发射、超大浮式海洋结构平台等。海洋工程不仅为人类提供了丰富且宝贵的海洋能源,也为人类提供了额外的活动空间。海洋结构物具有其特有的海洋承载方式,承受着恶劣环境,具备许多共同特征:系统多庞大且复杂、使用寿命长、风险高、成本高、不易保养维护等。在过去的 1 个世纪里,国内外海洋工程事故频发,如平台的火灾、爆炸和倾斜事故(见图 1.1)。海洋油气平台可能会发生油气泄漏、火灾、爆炸等事故,对人员、经济、环境造成巨大损失。海上风电平台故障会导致风场停产从而影响生产率,若发生断缆等事故,则将造成风机倾覆。众多事故的发生将导致严重的人员伤亡和经济损失,对海洋环境造成长期污染,因此在人们关注海洋工程成果的同时,要更加关注其可靠性。

图 1.1 国内外海上平台事故

　　海洋结构物系统可靠性分析的目标是提供一套方法来研究海洋工程系统运行和失效之间的不确定边界,以解决以下问题:为何海洋结构物系统会失效,如何分析失效的缘由和机理;如何设计海洋结构物系统使其更加可靠;如何在设计、运营、操作和管理阶段监测、评估海洋结构物系统的可靠性;利用何种故障诊断、维护和预后手段来维护系统的可靠性[1-3]。保证海洋结构物可靠性的有效监测、维护及合理的系统可靠性分析对于提高海洋工程可靠性、优化可靠性设计、降低风险是至关重要的[4]。

　　近些年来,传感器市场份额增长,监测系统蓬勃发展,如图 1.2 的柱状图所示,2020 年的预计市场份额大约是 2014 年的 3.5 倍。设备状态监测与故障诊断已经成为一项专门的技术,在工程中被广泛应用。图 1.3 展示了某远程监测控制中心。海洋结构物如其他产品一样具备一套监测系统,其各式各样的传感器可对系统中的主要设备或构件进行全生命周期内的实时监测,记录元器件的健康状态,对异常或故障的部位和发生原因进行诊断,从而提供必要的干预,如控制、调整、维修、治理及连续监测等[5]。海洋结构物监测系统不仅实现了在线健康状态监控,而且可保留大量历史数据库,为未来同类产品系统的可靠性分析、基于可靠性的设计、维护策略的制定等奠定基础。监测系统的信息为可靠性分析提供了重要基础。系统可靠性分析可识别薄弱环节,反过来可为监测系统提供监测、维护的依据。

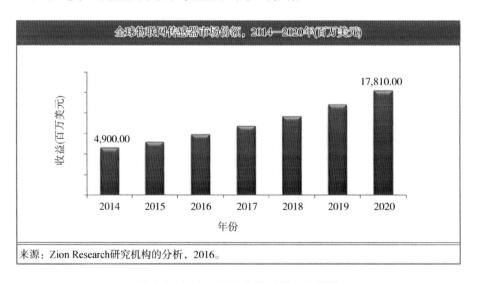

图 1.2　2014—2020 年传感器市场份额

**图 1.3　设备远程监测和故障诊断中心**

目前,海洋工程系统的可靠性监测及分析的研究尚未十分成熟,这项工作在海洋工程中的实际应用还处于初级阶段,存在着许多问题:海洋工程监测系统的数据采集、监测与故障诊断、预测等功能并不完善,监测系统的现代化、动态化、智能化、可靠性程度还不足[6,7],如何结合先进的技术解决现存问题还需进一步开展研究[8-11];关于系统可靠性的分析还需结合科学的分析方法才能得到可信的结果,考虑海洋环境的影响、结构的响应、系统组成的复杂性、数据的不易获取等因素,对于现有可靠性方法的适用性研究及合理的借鉴和改进仍需辅以大量的工作。

## 1.2　国内外研究现状

从历史上看,"可靠性"这个词最初是由英国诗人 Samuel T. Coleridge 创造的,其和 Samuel T. Coleridge 共同兴起了英国浪漫主义运动[12]。从 1816 年到今天,社会、文化和技术发生了一些革命性的变化,这引发了人们对工程系统和设备可靠性定量处理的需求,并于 20 世纪 50 年代中期促进了"系统可靠性分析"这样一门科学学科的建立。然而,推动"系统可靠性分析"发展成为一门科学学科的关键,是 19 世纪大批量生产概念的兴起以及标准化的部件的建造(1863 年斯普林菲尔德兵工厂的步枪生产和 1913 年福特 T 型车的生产)[13]。其中的重要催化剂是真空管,Lee de Forest 于 1906 年发明了三极管,二战开始时发起了电子革命。这同时也是引发设备故障的主要原因,因为更换电子管的次数是其他设备的 5 倍。战后,这段关于真空管的经历促使美国国防部启动了一系列研究以探索失效的原因。德国方面也经历了类似的情况,总工程师卢瑟尔系统地研究了系统故障和部件故障之间的关系。这些研究和其他军事驱动的成果最终促成了在 20 世纪 50 年代新学科"系统可靠性分析"的兴起,电子设备可靠性咨询机构(AGREE)对可靠性的发展、实施、宣传起到了重要作用,其记录了可靠性的相关重要成果[14,15]。

在 20 世纪 60 年代,"系统可靠性分析"这一学科沿着两条轨迹发展:

(1)通过技术提升了学科的专业化程度,例如,冗余模型、贝叶斯统计、Markov 链等。可靠性物理概念的发展可用于识别和模拟造成故障的物理原因和结构可靠性以研究各种结构物的完整性。

(2)为了研究更加繁杂的系统,不仅需聚焦于组件的可靠性,而且需关注整个系统的可靠性和可用性,以应用于军事和航天的某些设备和系统中,如水星、阿波罗等。

20 世纪 70 年代后期,各国开始展开对海洋结构物可靠性的研究。英国石油公司沿袭了核电厂可靠性分析的成果,其研究所需数据主要来源于数据库。1981 年,挪威石油管理部门制定并公布了海洋平台安全评估规范。系统可靠性研究具有以下意义:提高系统或产品的可靠性,防止故障和事故发生,降低产品总费用,提高设备的使用率,提高企业信誉,提高经济效益。海洋结构物可靠性研究所带来的优势有目共睹,对各种方法的应用正方兴未艾,但仍有诸多问题没有得到解决,对海洋结构物可靠性的深入研究显得更加迫切和有必要[16,17]。20 世纪 70 年代,在预测可靠性的方法方面没有取得特别的进展,系统可靠性分析的发展体现在三个主要领域:

(1)系统级可靠性分析的潜力激发了对复杂系统安全的理性处理,例如核电厂;

(2)在许多系统中对软件可靠性的提升让软件可靠性、测试和改进获得了更多的关注;

(3)改变了管理者们对可靠性项目缺乏兴趣的现象,激发了对可靠性提升的奖励机制。

在接下来的几年时间里,我们目睹了系统可靠性引人瞩目的发展和应用,主要是合理应对由利益增长的系统复杂性带来的挑战,以及在合理的成本下利用可用的计算能力。现如今的"系统可靠性"分析是一门完善的、多学科的学科。

## 1.2.1　可靠性数据的收集

在一些行业里,建立各级可靠性信息管理系统成为了有效收集、管理、利用数据的主要趋势。从 20 世纪 50 年代起,美国便对军方武器装备建立了一套数据管理组织系统,如航空航天公司建立的可靠性数据系统、空军罗姆航空发展中心的可靠性分析中心(Reliability Analysis Center,RAC)、全国政府与工业部门的数据交换网(Government Industry Data Exchange Program, GIDEP)。20 世纪 80 年代,我国开始针对武器装备建立部门、行业的数据管理系统,虽尚不健全,但也起到了关键作用,并颁布了《装备质量与可靠性信息管理要求》(GJB 1686—93)。

据有关文献[18],基于可靠性数据的应用,运七飞机实现了优良的适航性、可靠性、舒适性、可维护性、经济性;在 X-8 飞机新机的可靠性预计和分配中,运用了类似型号在线数据 10 000 条,并借助数据进行失效模式和效果分析(Failure Mode and Effect Analysis,FMEA),降低了大量人员、物力成本,经济效益十分可观。美国 GIDEP 的应用为用户节省了大量成本,减少的费用从 1974 年的 1 200 万美元,到 1980 年的 2 900 万美元,再到 1983 年的 5 300 万美元,可见由此取得的巨额经济效益[18]。

## 1.2.2　数据恢复方法

学者针对传感器的失效情况所开展的研究已经取得了一定成果。Crowcroft[19]等研究了利用数据骡方法实现高效数据恢复的问题,即一组具有先进移动能力的移动传感器通过访问故障传感器的"邻居"来重新获取丢失的数据,从而避免了网络中永久的数据丢失,实现无论哪个传感器失效,总旅行时间和距离都被最小化的目标。Nasrolahi 等[20]通过引入非线性观察器的方法来得到传感器的健康数据,对卫星姿态控制系统集成传感器进行数据恢复。Xue 等[21]讨论了基于贝叶斯学习的无线传感器网络稀疏信号恢复的问题。利用最小均方误差法(MMSE)建立了一种最优的传感器选择算法。基于所选的传感器子集,利用稀疏贝叶斯学习(SBL)重建稀疏信号。

可恢复的监测系统研究是相对新颖的一个课题,相关研究可参考文献[22-31]。Hollnagel 等[27]提供了文献的集合,将可恢复监测系统工程作为安全管理的范例。另有对恢复力与鲁棒性之间的关系所开展的研究。Hollna-gel 等和 Ji 等[27,28]研究了具有不确定性环境的系统。可恢复系统关于安全问题的研究可见 Anderson 和 Bishop 等的文献[22,23]。Anderson[22] 阐释了更强的、安全的、可恢复的监测的经验和工业工程领域的控制系统;Bishop 等[23] 讨论了安全相关的问题,包括完整性置信度及可用性。针对计算机系统可恢复监测系统所开展的研究也可以从文献中找到[24,30]。Villez 等[30] 提出了可以实现可恢复的各种失效探测、识别和控制方法,并给出了基本的范例。此外,Ji 等[32] 用质量控制来设计可恢复控制策略,得到基于模型的控制,并改善了自动化系统的建造。

近些年来,关于提升监测系统可恢复性的研究也越来越多。Garcia 等[26] 说明了可恢复监测系统的特征,并利用简化的被严重攻击的发电厂模型进行解释。其研究指出,可恢复的监测系统根据其监测系统的健康状况来整合数据,调节部分和不可靠的传感器信息,并在指定的决策期内对监测系统进行适当的评估。Garcia 等[33] 研究了可恢复电厂监测系统,并评估了基于 Kull-back Leibler 分叉法的可恢复监测系统思路。Ravichandran[34] 利用一个经受多个网络物理攻击状况的发电厂模型,开发了一个 5 层的可恢复监测系统,并展示了每层的技术和系统的整体性能。20 世纪末,牛津大学的 Henry 和 Clarke 开发了自确认传感器,能够在监测多个变量的过程中对自身状态进行诊断,并检测、隔离传感器的故障,同时利用最优估计值预估故障输出值,并对可能出现的故障进行预测,提供维护措施的建议[11,35]。

关于通过多频道之间的相关性实现可恢复监测的研究可参见相关文献。Liao 和 Sun[36] 使用非参数和半参数泛函数据分析方法实现了多频道监测系统的传感器数据恢复。为了克服这些方法在处理异常值和倾斜信号时的局限性,Sun 等[37] 开发了一系列可靠的备选方案,并演示了该方法在核工程中的应用。这些基于统计的信号恢复方法,为传感器故障时启用监测系统的恢复能力提供了可能。

国内也开展了相关研究。黄宴委等[38] 进行了真实监测数据的仿真实验,建立了基于智能学习的桥梁结构监测系统的数据恢复方法,并将结果与一些人工智能法进行比较。刘金明等[39] 针对畜禽舍内废气监测过程中因传感器故障等原因造成部分监测数据缺失的问题,将遗传模拟退火算法与支持向量机相结合,提出了一种基于 GSA-SVM 的缺失数据恢复方法,该方法综合考虑畜禽舍废气监测值对应的时间、空间和环境等多种影响因素。

### 1.2.3 故障诊断方法

美国为首先涉及故障诊断研究的国家。参照 1961 年阿波罗悲剧的经验,美国机械故障预防小组（MFPG）下设 4 个小组：故障机理、检测诊断与预测技术、可靠性设计和材料耐久性评估。美国锅炉压力容器检验师协会（NBBI）利用声发射法对静设备进行故障诊断。在航空方面，美国对大型飞机进行监测与数据记录，开发了飞行器集成数据系统（AIDS），用以识别各部件的故障并警示排除故障。此系统在 B747 和 DC9 等客机上被成功运用，改善了飞机的安全性。

20 世纪六七十年代，英国以 R. A. Collacott 为代表的健康中心对设备监测与故障诊断展开了研究。沃夫森工业公司（WIMU）、核电站、钢铁等也加入了此研究的行列。

在监测技术方面，英美占据领先地位，瑞典和丹麦相关企业的发展也较为迅速。日本在民用工业方面的研究较为突出，主要包括相关高校的基础研究，著名企业如三菱重工、国际机械振动公司等对产品的研究，均处于世界先进水平[40]。

故障诊断的趋势为智能化故障诊断[41]，具有成熟化、集成化和综合化的特点[42]。当前的故障诊断主要聚焦于故障如何发生、监测信号的获取和处理技术、根据智能方法进行故障特征的识别等。此类方法基于测量的流量、温度、压力、加速度等变量，应用数学模型、规则、网络等知识，并结合信号处理、模型分析、智能推理等方法，实现设备的故障检测与诊断。权威故障诊断专家 Frank 教授提出[43]：故障诊断方法基本上由基于解析模型的方法、基于信号处理的方法和基于知识的方法组成。

（1）基于解析模型的方法

此方法的主要诊断思路是：将监测的、预处理的信号重构为残差序列，并通过一定技术增大信噪比，采用统计分析方法检测系统状态和故障。但对于复杂设备中存在多变量、非线性等特征，建立解析模型并不容易，并且存在较大不确定性。在实际工程中，系统可由以下数学模型表示：

$$y = f(u, x, \theta, n, F) \tag{1-1}$$

各变量之间的关系如图 1.4 所示：

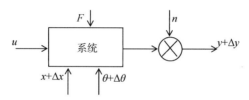

**图 1.4　系统的数学模型**

其中，$F$ 为系统的故障模式；$x$ 为系统的状态变量；$y$ 为可度量的输出量；$n$ 为噪声扰动；$u$ 为可监测的输入量；$\theta$ 为系统参量；$\triangle x$、$\triangle y$、$\triangle \theta$ 为由故障导致变量的改变量。若已知数学模型，结合少量监测数据，求解模型参数，完成故障诊断。如果输出量隐含故障信息，则通过状态变量和系统参量的阈值设定，则可实现故障诊断[44]。

（2）基于信号处理的故障诊断方法

此方法大致分为统计分析、盲源分离/独立分量分析、主成分分析和小波分析方法等。其中，统计分析方法为最经典、应用最广的方法。该方法主要是针对测量参数本身或衍生出的统计量结合设定阈值的检测诊断。

信号处理的方法不需要构建数学模型，而是基于时频域的转换或模态分解、谱理论的分析、统计学的观点等[45]，得到一种与故障有关联的特征量，比如幅值、频率或由参数组合而成的新变量，进而通过分析找到系统的故障源与故障时间。

航天飞机主发动机的红线关机系统利用测量信号、基于恒定阈值的故障检测，不能自动调整阈值。改进后的系统，通过概率分布确定动态阈值。涡轮泵实时振动监测系统（RTVMS）进一步改进监测 10 个涡轮泵的振动信息。Engel 等[46]在预测直升机齿轮箱故障时，利用多项式模型外推法获取特征变量。Yan 等[47]提出基于 logistic regression 构建特征量与其失效概率间的关系，并建立 ARMA 模型以预估特征量。Vachtsevanos 和 Wang[48]给出了基于动态小波神经网络的预测方法，利用滚动轴承的振动功率谱密度（PSD）作为特征量，验证了方法的可行性。Chinnam 和 Baruach[49]指出当无法找到确切的失效界面时，可构建基于 focused time‐lagged feed-forward 神经网络的特征变量进行预测，并结合 Sugeno 模糊推理模型来确定失效，进而预估元件可靠性。Gebraeel 和 Pan[50]研究了运行环境变化情况下的故障诊断。

动态模型主要包括状态估计、参数估计和时间序列分析等。在时间序列分析方面，Hawman[51]基于自回归滑动平均方法（Auto-Regressive and Moving Average，ARMA）对航空发动机进行了基本不存在误差的故障检测。王建波[52]通过算例验证了 ARMA 模型可以警示早期故障。张纯良等[53]提出了 ARMA 的改进模型并对发动机泄漏进行了故障诊断。

（3）基于知识的方法

此方法基于历史知识、数据、经验等的推断得出故障诊断结果，主要分为：基于 FTA、模式识别、模糊理论、人工智能技术、灰色理论、专家系统的方法等[54]。其中,人工智能方法的应用日渐广泛,但是也存在许多关键技术需要解决:在外部环境的扰动下如何进行抗干扰能力的故障诊断;如何分析系统的非线性等复杂因素;单变量推断存在局限性,如何利用多特征值进行故障识别与诊断等。

下面,就以上 3 种故障诊断方法的特征进行了对比,如表 1.1 所示。

**表 1.1　3 种故障诊断方法的特性对比**

| 方法 | 机理 | 是否需要定量模型 | 优势 | 局限性 | 主要方法 | 相关文献 |
|---|---|---|---|---|---|---|
| 基于解析模型的方法 | 基于物理过程、模型、经验等建立模型,并检验残差 | 需要 | 蕴含了故障的根本原因 | 很难建立实际解析模型,且存在很大的不确定性 | 参数估计方法、状态估计方法和等价空间方法 | [44] |
| 基于信号处理的方法 | 测量参数本身或衍生出的统计量,结合设定阈值诊断 | 不需要 | 适用于线性系统和非线性系统 | 只考虑在线故障信号,且丢失了对象模型所蕴含的信息 | 统计分析、盲源分离/独立分量分析、主成分分析和小波分析方法 | [45-53] |
| 基于知识的方法 | 基于历史知识、数据、经验等的故障诊断 | 不需要 | 引入多种信息,还可以融合专家知识 | 需要前期信息与处理,且技术有待进一步成熟 | FTA、模式识别、模糊理论、人工智能技术、灰色理论、专家系统 | [54-57] |

## 1.2.4　基于相关性的系统可靠性分析方法

在部件关联可靠性研究方面,Cramer 和 Kamps[58]从理论上验证了组件之间确实存在明确的相关作用,并且还提出利用 k-out-n 模型来计算与 4 个组件相关的简单系统的可靠性的方法;Navarro 等[59]基于拓展统计学提出了将系统中变量的相关性等效的方法;Hu 等[60]将序统计量进行相应的对比来解决相关独立问题。这些研究利用不同方法证明了相关性的存在,但无法对复杂相互依赖系统进行可靠性分析。

1999 年,Nelsen[61]组织并出版了由 Sklar[62]提出的 Copula 理论及其成果,基于阿基米德函数,进行了对应某 Copula 生成函数的串联和并联系统的可靠性分析。随后,相关的研究呈现出了一系列成果[63-65]。但是,由于复杂系统中有大量组件,组件之间的交互模式和形态各不相同,传统的模型和估计方法无法表示组件之间的相关关系,因此迫切需要开发出考虑相关效应的复杂系统可靠性模型和计算方法。

## 1.2.5 考虑动态的系统可靠性分析方法

传统的可靠性分析方法,如可靠性框图、故障树分析、事件树分析等在应用于存在动态特性如时序相关、备件等的分析时,多基于简化的思想,不能合理展现工程中实际的动态关系。在进行可靠性分析的过程中,陆续有改进的模型及新的可靠性模型的建立,被用于分析复杂可靠性工程问题。对于动态行为的描述,主要可以利用以下几种方法[66]。

(1) 马尔可夫模型(Markov 模型)

马尔可夫模型是动态随机系统建模方法,主要研究元件从某状态转移到另一状态的过程,可模拟动态冗余、修复、多阶段、模块间的依赖性、缺陷故障覆盖等复杂行为,但其最大的缺点是状态数的组合爆炸,并且只能考虑元件失效率恒定的情况[67,68]。图 1.5 给出了马尔可夫链的示意图,其通过有向箭头表示状态的转移,以节点表示状态。

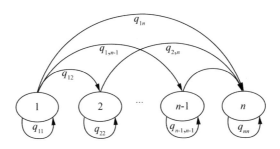

**图 1.5 马尔可夫链图**

(2) GO 法

20 世纪 60 年代中期,美军为提高核武器和导弹系统的可靠性,资助 Gateley、Willianms 和 Stoddard 联合开发了 GO 法。其主要思路为将系统图或工程图翻译成 GO 图,定性定量地分析 GO 图系统的可靠性指标。1988 年,日本船舶研究所提出了 GO - Flow 模型,赋予 GO 图以动态可靠性分析能力,以及能够考虑系统故障概率不确定性的问题。近年来,清华大学沈祖培等人探讨了 GO 法在动态失效分析中应用的适用性,对算法、模型进行了改进,以大亚湾核电站外电源系统为例验证了方法的可行性。GO 法的缺点是分析结果无法呈现系统结构信息,对过程变量不能进行评估等[69-71]。图 1.6 为某系统的 GO 图示意图,如图 1.6 所示,GO 图中操作符内的后一个数字表示操作符编号,前一个数字表示操作符类型,信号流上的数字为信号流编号。

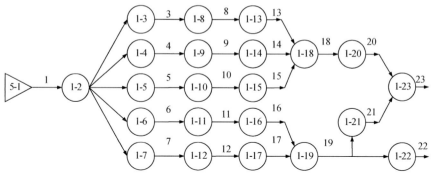

**图 1.6 某系统的 GO 图**

(3) 贝叶斯网络

1986 年,Pearl 提出贝叶斯网络(Bayesian Networks,BN),即一种可以描述随机变量的网型结构,且是基于图论应用更有效的概率计算算法。BN 近10 年来获得的关注度大大提升[72],在不确定性推理和人工智能方面得以运用[73],对不确定性的推理具有高效灵活的效果。Barlow 在 20 世纪 80 年代末开展的工作[74]代表着 BN 在可靠性分析领域的应用。Boudali 等人[75,76]指出:BN 具有高效分析复杂状态空间模型的能力,这是马尔可夫法难以处理的情况。但 BN 模型仍处于初级研究阶段。图 1.7 给出了贝叶斯网络的示意图。如图1.7 所示,贝叶斯网络是一个有向无环图,由代表变量的节点及连接

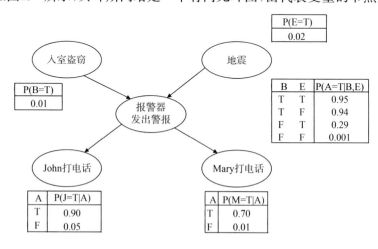

**图 1.7 贝叶斯网络**

这些节点的有向边构成,节点代表事件,有向弧代表变量间的关系,通过条件概率分布的注释,表达事件间的关系。

Zhang 等[77]提出基于动态贝叶斯网络的方法,进行控压钻井的事故案例分析和动态定量风险分析,其方法通过引入一个附加概率参数,可以模拟不确定的风险因素。Wang 等[78]提出了改进的动态贝叶斯网络,通过正向推理,得到了不同时间平台火灾的动态概率。

（4）Petri 网（Petri Net,PN）

PN 是德国 Bonn 大学的 Petri 的成果。1987 年,Leveson 等基于时间 PN 实现了在线控制系统安全,并使系统具有可恢复和容错分析的能力。实际上,PN 在可靠性方面的研究还处于探索阶段,难以得到复杂系统 PN 模型的可达图,因而在工程实际可靠性分析的应用中受到了限制。PN 的缺点是适用范围不广泛,也面临着指数爆炸问题[79,80]。图 1.8 给出了 Petri 网的示意图,其中,状态用位置表示,活动用迁移表示,迁移的作用是改变状态,位置的作用是决定迁移是否发生,位置和迁移间的依赖关系用流关系表示。

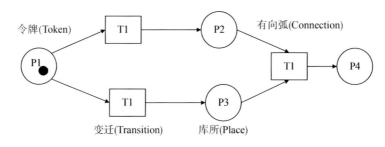

**图 1.8　Petri 网络**

（5）Monte Carlo 法

Monte Carlo 法的本质是概率试验。其原理为基于某已知元件的失效分布,进行一定数量的反复抽样,以频率结果估计可靠度。此法可对元件的不同失效分布进行模拟,由于单次运算模型与系统的规模大致满足线性关系,所以避免了模型的组合爆炸问题。其精度在极大程度下取决于模拟试验的次数,次数的增多可以大大提高精度,因此对 Monte Carlo 法的研究多聚焦于提高抽样效率。Marseguerra 等给出的预处理方法具有一定效果。Labeau 研究了简化 Chapman Kolmogorov 方程积分、特征变量预估大小、预存信息与 Bias 抽样等方法,提高了 Monte Carlo 的计算效率。但是该方法对于相关性的处理还有待进一步研究[81-84]。

（6）动态故障树方法（Dynamic Fault Tree，DFT）

基于马尔可夫、BN、PN 等建立动态系统的可靠性模型，易产生遗漏和错误，模型验证过程不容易，所以一般转化为图形，比较常用的为 GO 法和DFT 法。

1992 年，Dugan 教授结合 Markov 链提出了最早与 DFT 语义等价的DFT[85]。图 1.9 给出了动态故障树的示意图，即利用在传统故障树中加入动态逻辑门来描述动态逻辑关系。后来，Boudali 等人将交互式 Markov 模型用于动态故障树，令 DFT 的语法和语义一致，并通过附加模块化建模的功能来应对组合爆炸的困难。

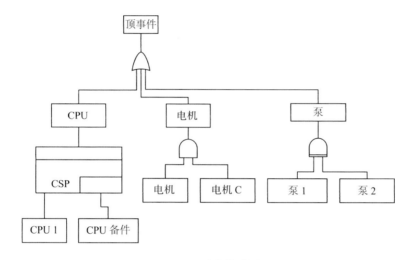

**图 1.9　动态故障树**

DFT 本身是模型，必须与其他方法联合应用才可实现实际可靠性分析的能力。Boudali 等研究了将 BN 模型应用于 DFT 进行定量求解的方法。将PN 与 DFT 结合的研究并不多，Codetta 等人确定了必要的图形转换法则，构建起 DFT 的 SPN 模型。关于基于蒙特卡洛法的 DFT 研究，来自 Dyadem 公司的 Yevkin 提出了直接利用蒙特卡洛法模拟分析 DFT 的思路，但只能用于进行简单的 DFT。Manno 的高层仿真框架能避免陷入 DFT 的诸多局限，并给出了对 Monte Carlo 重用性不强的解决思路[86-89]。

下面给出表 1.2 对几种动态可靠性分析方法进行对比。

表 1.2　动态可靠性分析方法的优劣势对比

| 方法 | 表达方式 | 优势 | 局限性 | 相关文献 |
|------|---------|------|--------|---------|
| 马尔可夫模型 | 节点和有向弧 | 可考虑动态冗余,多阶段,模块间依赖,缺陷故障覆盖 | 状态组合爆炸问题,不能刻画逻辑依赖关系 | [67,68] |
| GO 法 | 操作符、信息流 | 可考虑不确定性 | 不能提供系统结构信息,难以对过程变量进行评估 | [69-71] |
| 贝叶斯网络 | 节点和有向弧 | 可考虑多态变量,不完全错误覆盖,不确定性,重要度 | 可靠性模型并未得到充分研究 | [72-76] |
| Petri 网 | 位置、迁移、流关系 | 数学性质优良,随机 Petri 网可刻画延迟时间特性 | 指数爆炸问题,适用范围窄 | [79,80] |
| Monte Carlo 法 | 非图模型 | 可考虑不确定性,适用于不同概率分布 | 对相关性的处理需进一步研究,复杂系统计算时间长 | [81-84] |
| DFT 法 | 节点、故障逻辑门、有向的连接线 | 可考虑多种动态行为和重要度,直观表达故障原因 | 复杂耦合逻辑门不易求解,若事件概率分布复杂则不易求解 | [85-89] |

## 1.3　现存的问题

关于海洋工程设备可靠性数据如何获取、监测系统与系统可靠性分析中存在的问题还需进一步研究,本书重点关注以下关键问题:

(1) 针对海洋结构物不同领域的子系统、设备、构件如何采用合理的方法进行获取,对于某些海洋结构物可靠性数据匮乏的问题应如何解决,是亟待解决的问题之一。

(2) 监测系统中,传感器的可靠性不如其所监测的构件的可靠性高,经常出现传感器失效的情况,造成的数据丢失问题亟待解决。若技术人员现场维修、更换传感器,则停机时间增长,并且浪费时间、人力、经济成本。若不能即时修复传感器,数据库的记录将不连续、不完整。因此,如何将已丢失的数据进行在线恢复,并满足精度要求,是关键问题之一。

(3) 监测系统的可靠性较低,会出现传感器与构件的失效无法区分、构件的健康状态无法判断的情况。当监测系统异常时,若其不具备抗干扰的故障诊断能力,则被监测系统的风险将大大提升。对于海洋结构物监测系统的故障诊断,故障特征的识别、环境变化对阈值的复杂影响、多构件信息的融合等关键技术需要进一步给予研究。

(4)进行海洋工程系统可靠性分析时,需要考虑失效构件之间存在的相关关系。随着构件数量的增长,失效模式数量快速增长,考虑相关性的可靠性分析复杂度迅速增长,而简化、近似等方法均存在精度或效率方面的问题,提升精度和效率便成为了系统相关可靠度计算的关键问题。

(5)系统可靠性分析中,构件的失效必然存在冗余、备件、顺序失效、功能相关等动态特性。现有对海洋工程系统的动态可靠性研究还不深入,针对大型海洋工程结构物系统的构造复杂、故障树不易建立、数据量需求较大的情况,如何利用动态可靠性方法研究系统动态可靠性这一关键问题仍亟待解决。

## 1.4　本书内容概述

为了更科学可靠地进行可靠性的监测、维护和计算,本书对海洋结构物如何实现可恢复的可靠性监测,以及考虑相关性、动态性的系统可靠性分析方法进行了研究。数据的相关性和动态性为全书的核心思路,在对监测方法的研究中,利用相关性,进行数据恢复和故障诊断;在系统可靠性分析中,分析和处理由相关性、动态性带来的问题,采用基于解耦合简化规模的思想分析相关性问题,采用图形化表征的思想对动态性问题进行处理。第 2 章对系统可靠性分析的数据输入的获取方法进行了研究;第 3、4 章针对监测系统目前存在的传感器易失效的问题进行了研究,利用数据间存在的相关性提出了监测系统的数据恢复和故障诊断方法;第 5、6 章选择合理的数据获取方法获取输入,通过解决数据存在的相关性和动态性问题,研究更合理的系统可靠性分析方法。主要内容具体包括以下 5 个方面。

第 2 章海洋结构物可靠性数据的获取方法,针对海洋结构物可靠性数据不易获取的问题,归纳数据的获取、处理方法和适用范围,并且针对某些新式海洋结构物不易获取数据的问题,提出了类比、修正方法。同时对可靠性数据获取的现场监测方法进行了重点介绍。

第 3 章针对监测系统中传感器易失效导致的数据库不完整的问题,基于监测数据的相关性结果与多变量理论构建虚拟传感器组进行数据的实时恢复。以 FPSO 旁靠的相关的 10 根系缆为例,将通过数值模拟方法得到的时历数据作为数据源,验证此方法具有实时恢复数据的能力,并且精度与实际的相符度非常高。

第4章针对监测系统无法诊断构件、传感器健康状态的问题,提出了基于频率小波和人工神经网络的在线故障诊断方法,实现了传感器状态、构件故障的诊断。基于监测数据的相关性与虚拟传感器组,从故障特征提取、动态阈值设定、故障诊断三方面进行方法的研究:提出频率集中小波分析法,解决故障特征提取的关键技术问题,基于人工神经网络的模型,考虑环境变化的影响预测动态阈值,以FPSO旁靠系缆为例,验证此方法在可恢复故障诊断中的可行性与灵敏度。

第5章针对现有计及相关性的系统可靠性分析方法精度难以保证的问题,提出了聚类近似法。将基于相关失效模式的相关性大小进行聚类,引入相关度的概念,对失效模式组联合概率进行近似计算,最终实现了系统可靠性结果精度的提升。以FPSO旁靠系缆系统为例,以仿真的监测数据为输入,验证聚类近似法的可行性,并分析其精度优势和适用性。

第6章针对海洋结构物系统可靠性分析未考虑动态性从而造成的可靠性分析不可信的问题,研究了基于动态故障树的系统可靠性分析方法。结合海洋工程系统的动态失效识别,基于两维度的系统模块化分级建立动态故障树,基于通过不同数据获取方法获取的所有可靠性数据,对整个海洋结构物系统的可靠性进行定性定量分析。将此方法应用于新型海洋工程系统浮式风电设备中,得到系统可靠度结果和维护建议,与现有资料对比验证动态故障树方法在海洋结构物动态可靠性分析中的可行性和优越性。

# 第 2 章
---------
# 海洋结构物可靠性数据的获取方法

## 2.1 引言

　　可靠性数据,是系统可靠性分析的输入,很大程度上决定着系统可靠性的分析结果。目前,海洋工程系统可靠性数据的获取与处理技术并不完善,现阶段工作人员对可靠性数据的重要性和应用途径并没有足够的认识,海上作业过程中的大部分数据(包括在线数据、故障/维护/修复的时间与间隔、维修人员情况等)并没有被完整规范地记录下来,以得到合理的应用;海洋工程结构物设备、结构类型多样,情况复杂,只利用单一的数据获取、处理方法不能解决整个系统的问题;获取流程与方法还存在许多问题,未能实现数据的智能化管理。

　　针对以上问题,本章归纳讨论了海洋工程系统的典型可靠性数据类型,以及不同类型元件的可靠性数据获取方法,并重点分析了监测数据的采集与处理方法,以及实际应用中需要关注的数据特性问题,为后续章节的方法研究奠定基础。

## 2.2 可靠性数据获取方法

### 2.2.1 概述

　　系统可靠性的定量分析以单元的可靠性量化指标及可靠性模型的建立为基础。可靠性的量化指标主要有可靠度、失效概率、失效率、平均无故障时间等,这些变量相互关联,可以相互转化。

可靠度的定义是在规定时间（设计寿命）内、规定条件下，产品正常运转或服务的概率。若 $T$ 是失效时间的随机变量，那么时刻 $t$ 的可靠度函数可表示为

$$R(t) = P(T > t) \tag{2-1}$$

失效概率的累计分布函数 $F(t)$ 与 $R(t)$ 的关系则为

$$R(t) + F(t) = 1 \tag{2-2}$$

如果失效时间 $T$ 存在概率密度函数 $f(t)$，那么上式可以写成

$$R(t) = 1 - F(t) = 1 - \int_0^t f(\zeta)\mathrm{d}\zeta \tag{2-3}$$

对上式求导，则得到

$$\frac{\mathrm{d}R(t)}{\mathrm{d}t} = -f(t) \tag{2-4}$$

失效率函数或失效率（$h(t)$），是指产品在 $t$ 之前正常，但在时间段 $t \sim t + \mathrm{d}t$ 间失效的条件概率。其表达式为

$$h(t) = \frac{f(t)}{R(t)} \tag{2-5}$$

失效率是一个关于时间的函数。恒定失效率模型中，失效时间呈指数分布。此外，失效时间的随机分布一般假设为威布尔分布、正态分布、对数正态分布、$\beta$ 分布、$\gamma$ 分布、线性分布等。

当产品寿命为 $T$，服从失效率为 $\lambda$ 的指数分布时，其平均寿命为

$$E(T) = \int_0^\infty t\lambda\,\mathrm{e}^{-\lambda t}\,\mathrm{d}t = \frac{1}{\lambda} = \theta \tag{2-6}$$

当产品为可修复产品时，其平均寿命为平均故障间隔时间（Mean Time Between Failures），简称 MTBF[4,18]。

可靠性数据的获取包括可直接获取的数据源、试验或样机试验获取、现场或模拟获取等方法。不同情况下，可根据不同元件或子系统的特点选用合理的数据获取方法。下面对各种数据类型的获取方法进行具体分析。

### 2.2.2 可直接获取的数据源

良好的可直接获取的数据源是系统可靠性分析的重要基础，并且越是完

善的可靠性模型越是需要详尽的、广泛的、合适的数据源作为基础。现存的数据源大多由权威机构发布,具有时限长、数据量大、品类全、可信度高等优点。应用数据源应注意其时效性,并考虑实际情况中是否适用。

典型的数据源类型主要有以下几种:

• 通用数据源;

• 事故统计数据,研究团队应该已经具备历史事故、最近发生的相同类型事故及相似系统的知识,现在各个行业都已建立了很多用于描述历史事故的数据库;

• 失效数据库,如美军标可靠性数据库,可参考http://www. weibull. com/knowledge/milhdbk. htm♯Top;

• 设备失效数据库;

• 各种物质的物理属性,如刚度、强度等;

• 公司内部事故和意外事故数据库,DNV 与企业联合的 OREDA;

• 文献、报告等,如 HSE 的报告等。

其中大部分数据源属于公开资源。对于特定主题,还时常用一些报纸、报告等,比如风电公司经常做一些关于风电设备失效数据的统计报告[1]。

其中,失效报告一般包括以下信息:

• 维修时间—主动与被动维修时间;

• 失效类型—重要的、次要的、随机的或诱发型等;

• 故障本质—短路或断路、状态漂移、磨损、设计缺陷;

• 失效位置—准确的位置或零件的细节;

• 环境情况—在环境变化的情况下,尽量记下发生故障时的环境状况;

• 采取的措施—替换或维修的准确本质;

• 人员参与情况;

• 用到的设备;

• 用到的备件;

• 元件的运行时间。

但是目前,海洋工程失效报告仍然处于初级阶段,主要有以下几大体现。

动机:如果现场工作人员不能理解记录数据的重要性和目的,容易造成报告的误记与漏记。定期总结现场数据,可以让工作人员了解整个数据蓝图和针对严重故障的建议,以此鼓励工作人员积极反馈现场信息。

确认:查验失效报告时需要撰写报告人员的现场确认,因为报告中的维修次数或诊断等信息需要被证实,而用户不太可能提供有价值的信息。

成本:由于失效报告的记录和数据解释方面需要消耗大量时间和成本,供应商和消费者不一定愿意按要求严格执行。然而,正确解释数据有利于在设计建造中规避故障,以补偿记录报告所需的成本,并且报告本身对于可靠性提升的价值可以抵消相应成本。

记录非故障情况:指故障实际未发生时却记录了故障。为了减少这种错误的发生,应给出详尽的维护指南,并任用高水平的工作人员,以降低不必要的成本。

海洋工程结构复杂,需要的数据源比较广泛。主要的海上数据库有:离岸可靠性数据手册(OREDA,2009)。OREDA 仅限于离岸应用,传统上比较重视生产系统和设备的可靠性和可用性[1]。当海上数据库不足以覆盖整个系统元件的范围时,也需要参照通用设备数据库。主要的可用设备数据库包括:由美国可靠性分析中心发布的《失效模式/机制分布》(FMD‑97)、NPRD的非电子元件可靠性数据(Reliability Analysis Center,1991)、安全设备可靠性手册、IEEE 标准 500(IEEE,1984)、化工过程安全中心发布的《过程设备可靠性数据指南》等。这些数据源是综合的,不特定于离岸应用[90]。

1981 年,挪威石油管理局与几家石油天然气公司合作建立了 OREDA 项目,OREDA 起初的目的是收集石油工业设备安全的可靠性数据。OREDA被认为是"在近海工业中设备的故障率、失效模式分布和修理时间的唯一数据源"。OREDA 收录了相当多的数据,特别是涉及消防泵、隔离阀等,但关于探测器、控制面板灯的可用数据非常少[91]。

从 2002 年开始,风险等级项目(PSA,2006a)针对选择的一些屏障要素收集了可用性(Availability)数据。挪威石油工业协会(OLF)对应用 IEC 61508和 61511(IEC,2000 和 IEC,2003)发布了指导准则。指导准则(OLF,2004a)包含了针对离岸业应用的一些典型的可用性数值。SINTEF 海上井喷数据由挪威研究机构 SINTEF 运营,其中的数据来自公共资源,使用数据需要有相关项目成员的资格。

世界海上事故数据库(The World Offshore Accident Database,WOAD)是由挪威船级社(DNV)负责运营的,自 1975 年以来 DNV 每年都会发布汇总当年的海洋事故情况并总结事故发展趋势,使用该数据库需要缴纳年费,WOAD 使用的是经过 DNV 处理过的大众可以阅读的数据[92]。

为了减少高危行业的风险发生概率,英国逐渐形成了关注健康(Health)、安全(Safety)和环境(Environment)的 HSE 管理体系。HSE 的三位一体理念以其全新的管理方式、准则、活动被全世界认可,真正做到了通过积累安全工作经验、统计事故数据,以预防后续风险的发生,在实际作业中起到了良好的效果。当今世界前 100 名半数以上的石油天然气公司每年发布 HSE 报告,这些报告还会被一些企业进行检验,这些报告为可靠性分析提供了相关的、可靠的依据[93],从而成为了重要数据借鉴。

### 2.2.3　样机或模型试验法

通过试验的方法可以获得产品寿命分布、失效率和可靠度。寿命试验有多种形式,大致分为使用寿命试验、老化试验、加速寿命试验。组件或系统的失效率并不一定是恒定的,通过可靠性试验的方法可以对组件在寿命周期内的失效率通过数学模型的方式建立起来。一般情况下,半导体设备的失效率在初始时很高,随着时间的增加会降低到一个稳定的值。对于不同类型的设备来说,其失效率随时间变化的整体趋势也各不相同。

对于可实现样机试验的产品,样机的可靠性数据可以作为实际产品的数据进行参考。对于重要零件或组件,如有条件可进行寿命试验,寿命试验一般对成批量或非常关键的部件比较适用,但其试验周期较长、花费多,实际中常用于传统构件,如发电机的主轴、齿轮等。海洋结构物的样机或模型试验应尽量保证试验环境对实际环境因素的还原,并考虑缩尺比对结果的影响。

使用寿命试验是对单组件产品及多组件产品的元件在其正常运行条件下施加压力和环境条件的一种试验。当试验时间达到产品的预计寿命时停止,即此试验需要大量时间,尤其对于电子产品等寿命特别长的产品,试验的相关费用高昂,通常难以开展相关试验。

老化试验是为了从大批量产品中去除存在质量缺陷的产品,对时间和应力进行加速,可以保证检测出绝大部分失效产品,同时不造成其他产品过应力损伤。但此试验时间较短,可能不能完全去除对生产者和消费者造成重大损失的缺陷产品。

加速寿命试验(Accelerated Life Test,ALT)的实现方式是在更高强度或更高应力的条件下对产品进行试验,ALT 具有快速获取失效数据的优势。ALT 的一个主要目的是运用物理模型或同级模型对加速应力条件下的试验结果进行建模,从而预计产品在设计条件下的可靠性。如果 ALT 的应力条件与产品正常运行条件相近,产品可能不会在预计时间内失效,这些非失效

（截尾）的信息在数据分析中必须考虑，这种试验即截尾的加速寿命试验[4,18]。图 2.1 给出了加速寿命试验设备——PCT 试验箱的图片，PCT 试验箱加速老化寿命试验的方式是提高环境应力（如：温度）与工作应力（施加给产品的电压、负荷等），加快试验过程，缩短产品或系统的寿命试验时间。

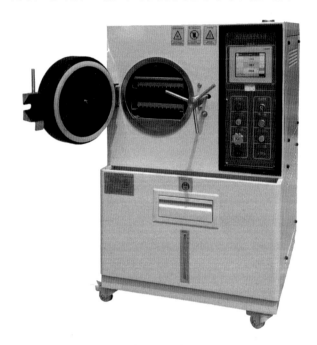

**图 2.1　加速寿命试验设备——PCT 试验箱**

### 2.2.4　现场或数值模拟数据

现场数据可被用来预测设备的可靠性参数，对于大批量、寿命周期长或安装量充足的海洋结构物可用此方法获取失效数据。现场数据的收集可依赖于监测系统得到的数据库。

现场数据同时考虑了实际状况下的失效和维修，具有非常重要的工程价值。收集现场数据，应特别注意记录环境、使用条件的变化，因为现场数据受外界环境的影响，在不同工况下运行状态不同[18]。

可靠性数据的现场采集，应首先保证失效记录文件的质量，以保证反馈信息的完整性与真实性。记录现场事故很容易出现错误、漏洞或误释，所以有必要利用正式文件来记录数据，这种文件一般具有以下要求：

- 指出设计建造的缺陷,为可靠性提升提供方案;
- 提供质量与可靠性的趋势;
- 提供承包商的评价;
- 为未来的可靠性和维修时间预测贡献统计数据;
- 协助二线维护(工厂);
- 明确备用补给;
- 容许例行维护间隔的修改;
- 确认现场元件的质量成本。

海洋结构构件与设备不同,为满足特有的载荷承载要求,各种海洋结构物的结构响应结果需与设计息息相关。即使是同样的结构构件,在不同的环境下工作,也不能一概而论。海洋结构物由于环境复杂,产生耦合运动,所以构件响应值一般具有实时变化、交替变化的特点。一般可以利用监测、理论计算、数值计算等方法来获取结构失效概率。

## 2.2.5　专家判断

通过上述方法获取失效数据,即可得到大部分数据;然而其余部分数据由于匮乏或根本不存在,故难以利用上述方法获取,即可利用可靠性领域经常采用的专家判断方法。专家判断是一个针对具体问题直接从专家那里获得数据的过程,判断的内容可能包括可靠性模型的结构、可靠性参数和变量。专家判断的过程可以是非常正规的或非正规的;可邀请一名或不同领域的多名专家,可以将工程师、科研人员、风险等领域专家的评分进行综合平均或加权作为估计结果。一些研究提出了向专家获取信息的结构化过程,并证明了其在实际可靠性分析中是有效的[92]。

## 2.2.6　类比、修正方法

除了专家判断,本章提出的类比法与修正法也可以应对数据不足的问题。海洋设备大多是由陆上设备发展而来,除极少数锚泊缆绳、船舶舱室、锚等之外,两者在本质上没有较大区别。传统设备,比如发电机、电动机、压缩机、阀等设备一般通过成品采购、订购。从广义上说,这种产品具有基本可靠性参数,以及充足的历史记录,这类产品的失效数据基本可以借鉴陆上产品的失效数据源。

但是在类比过程中,直接参考将导致一定的误差。类比法应与修正法相结合,以考虑海洋环境等因素的影响。陆上同样的设备,应用于海洋环境中,其安装、运输、运营、维护的过程都与陆上完全不同。海洋结构物在运输、安装过程中极易引发潜在缺陷或产生额外应力,这就对运营阶段的设备可靠性产生了影响。将所有设备固定于海洋结构物,随着平台的六自由度运动而运动,这种运动(振动)将造成设备的疲劳、磨损,导致海上设备的失效率比陆上设备的失效率高。另外,海洋设备维修过程中,维护人员如未经历在海洋环境中作业的严格训练,则设备解体检查、维修的过程更易导致设备可靠性水平的下降。另外还有一些关键因素的影响,如电子元件长期工作于潮湿、充满盐雾的环境中,将受到湿度的影响。因此,考虑海上设备所处环境的影响,对相应陆上设备的失效数据进行适当修正是必要的。修正系数可通过文献资料确定,也可通过环境影响下的设备运动情况、加剧程度等方面的理论、仿真分析获得。

类比、修正方法通常可应用于新型海洋结构物可靠性数据的获取。新型海洋工程结构物,如浮式风电装备,并没有可以参照的历史失效数据,其系泊或固定于海底的方式与其他平台相比是类似的,所以支撑结构的可靠性数据可参考其他海洋结构物。虽然现存的各类海洋结构物并没有太多安装量,可靠性数据也不一定充足,但是从所有种类上看,安装总量是可观的,据此可以获取大量统计数据。海上浮式风机一般有半潜式、Spar式、张力腿式等系泊方式,当研究其碰撞概率时,可以通过类比以往相应系泊形式的海洋平台碰撞概率并加以适当修正得到。

此外,在收集可靠性数据时,应特别注意海洋结构物元件失效模式间存在的相关性、动态性,现场数据记录期间对动态性、相关性的识别将有利于得到贴近实际的系统可靠性数据与定量分析结果。

## 2.3 监测数据采集与处理

监测方法是一种非常重要的可靠性数据获取方法,本节将重点介绍监测数据采集的方法、预处理方法和数据的特性。

### 2.3.1 监测数据采集

传感器可以提供实时的系统运行状态和潜在故障的特征量,海洋结构物构件在线运行数据为实时监测状态获取、故障诊断、寿命预估、基于状态的维修、数据库构建奠定了基础。传感器的使用降低了故障诊断时间,即减少了实际的维修时间,产品效益得到提升。然而,传感器的可靠性并不是很高,工程实际中应注意考虑传感器的故障问题。常见的传感器故障主要包括:完全失效故障、固定偏差故障、漂移偏差故障和精度下降四类。失效故障是指传感器测量突然失灵,测量值一直为某一常数;固定偏差故障主要是指传感器的测量值与真实值相差某一恒定常数,这类传感器的测量数据曲线与无故障的测量曲线是平行的;漂移偏差故障是指传感器测量值与真实值的差值随时间的增加而发生变化;精度下降是指传感器的测量能力变差,精度变低,当精度等级降低时,测量的平均值并没有发生变化,而是测量的方差发生变化。固定偏差故障和漂移偏差故障都是不容易发现的故障,在故障发生的过程中会引起一系列无法预计的问题,使控制系统长期不能正常发挥作用。

监测数据应满足的基本要求如下:

(1)真实性。系统发生故障、中止工作、维护始末的时刻等数据需要真实地记录,未来得到的数据可作为类似系统可靠性分析的样本。

(2)连续性。连续性是监测数据采集最基本的要求。传感器失效、人为干扰、操作错误等都会造成监测数据的不连续,不连续的数据序列将给建模统计分析、预测故障带来障碍。

(3)完整性。完整性也是基本要求。为了分析系统整体的可靠性水平,将重要部件、相关部件的数据都通过监测系统完整地记录下来,对于动态失效、相关性的分析具有重要意义[18]。

不同的监测部件和系统应通过不同的特征量来表征。气动和液压系统可利用压力、流体密度、流体速度和温度作为其监测特征量。电气元件可利用电阻、电容、电压、电流、温度和电场强度作为其监测特征量。机械部件和系统可以利用速度、应力、角运动、振动脉冲、温度和载荷作为其监测特征量。

数据采集按照监测装置运行时的历经频率,可分为连续采集、激活采集和定时段采集,按照监测期限长短可分为长周期、短周期和定周期。对海洋结构物中不同系统、不同工况环境、不同表征的信息获取可选择适合的方式。结构构件应考虑其结构工作环境、整体行为、环境条件局部特性、安全运营和可靠性监测等方面的因素,一般可采用定期数据采集或长期采集的方法。电子元件应考虑其工作环境、空间配备、相关特性、可靠性监测等方面因素[95],考虑电子元件数据采集的便利性,可进行实时连续采集。

海洋结构物一般配备一套监测系统,用于监测作业周围环境情况、系泊结构受力、设备运行状态(如发电机)、输油管路泄露、结构物的总体运动等。图2.2显示了锚泊系统监测系统的组成,包括环境、张力、缆绳位置/深度、倾角、运动的传感器测量系统和控制台。位于海洋结构物监测系统各个部位的传感器每隔一段时间记录一次数据,再经由数据线路传输到控制台,通过一定的信号处理,对系统整体的运行情况进行实时监测,一旦发现异常值,则采取相应的措施进行防护。图2.3给出了iSYM锚泊的监测和控制系统的界面,由图可见,该交互系统可实时显示出缆绳的张力,并有红色警示和A-LARM警报功能。

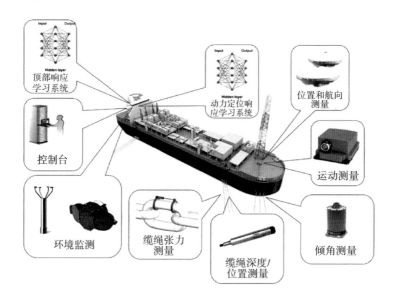

**图 2.2　锚泊完整性监测系统**
(来源:https://www.marinelink.com/news/integrity-offshore393367.aspx)

　　然而,目前对于海洋工程系统的监测仍未达到智能化、现代化水平,许多平台数据库的管理没有实现体制化,人员素质也有待进一步提升。大型海洋结构物长期健康监测系统的作业时间长,所需监测的设备多,数据库的总量会越来越庞大。要理清数据之间存在的关联,需要对历史数据、在线数据、外界工作条件数据等进行数据的融合和处理,并分析其内在规律,以得到具有一定指导意义的维护、维修及可靠性设计建议。具备智能数据采集、处理、查询、管理、人机交互功能的数据库服务中心是未来现代化工业的发展趋势[95]。因此,若要获取海洋结构物的可靠信息,需要从数据采集、分析、管理等多方

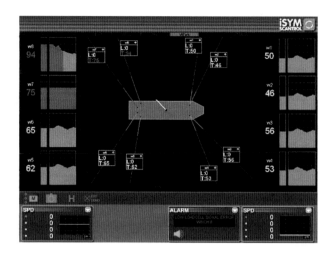

**图 2.3　iSYM 多点锚泊系统**

(来源:https://www.scantrol.com/isym-mooring-winch-control)

面全面提升监测系统的水平。

### 2.3.2　监测数据的预处理方法

通常,监测数据的预处理有以下方法和途径。

(1) 处理异常数据

监测装置在线取样过程并不需要所有信号信息。由于信号经常受到自身以及电路、外界信号的干扰,因此一旦出现异常值应进行合理的处理,如适当平滑过渡等,然后进行后续分析。

(2) 趋势项的处理

信号预处理过程中,会出现低频的漂移趋势,通常有两种因素会导致趋势项的出现:a. 信号源没有变化趋势,趋势的来源是自身传感器、仪表的漂移、外界环境的变化,这些会对信号分析产生影响的因素应该去除;b. 信号源存在缓变趋势,这可能是由设备本身的故障、退化造成的,这种与系统相关的重要信息应提取出来。

(3) 适应性滤波方法

信号在电子信息的传输过程中容易混有噪声,一些情况下当信噪比较大时,噪声会湮没正常的信号。基于适应性滤波的预处理可以去除噪声对信息的扰动。低通、高通、带通、带阻是常见的滤波方法,其原理如图 2.4 所示。其中,低通滤波器是以某截止频率为界限,对高频噪声或不希望存在的高频成分加以抑制,其他滤波器原理依此类推[40]。如图 2.4 所示,理想滤波器的带阻和带通是阶跃变化的,而实际的滤波器一般是缓慢过渡的曲线,因此实际滤波器的界限并不是绝对的,在实际过程中会引起一些误差。

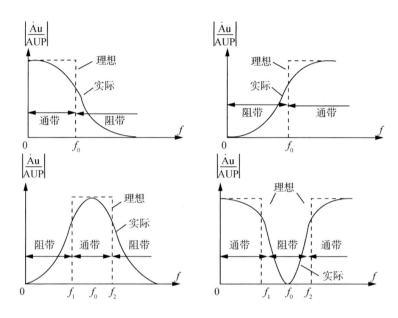

**图 2.4　滤波器原理示意图**

### 2.3.3　基于监测的可靠性数据获取方式

　　监测数据是从设备开始工作时开始收集,直到工作停止。若无故障,则此时长为无故障工作时间;若发生故障,则为故障时间。当设备故障时,采用统计学方法可以估计设备失效时间的概率分布,以此确定可靠性参数。当设备在无故障的情况下停止工作,即呈现一种随机的数据截尾状态。这种数据同样重要,可以通过截尾数据的统计分布来预测可靠性参数。

　　相比于设备,结构构件失效数据的可用数据源较少。在现场数据获取中,可以通过在线监测数据来实时评估构件的可靠性。求解某些结构构件的失效率,如缺少监测数据,可通过数值模拟来预估,通过长期海洋环境工况下的时域模拟,得到其时历数据,结合结构可靠性理论计算得出,具体理论如下。基于极限状态方程,用构件实际应力超过极限应力的累计概率分布来表征结构构件的可靠度。

结构可靠度定义为:结构在规定时间和规定条件下,完成规定功能的概率。结构的可靠度和结构失效概率是进行结构可靠性计算时需要获取的可靠性数据,失效概率公式为

$$P_f = P(Z \geqslant 0) \tag{2-7}$$

其中,$Z$ 为结构功能函数,表示构件实际应力减去极限应力。结构可靠度的公式如下:

$$P_r = 1 - P_f \tag{2-8}$$

由于失效概率量级特别小,不便表述,常用可靠性指标来表示结构可靠性。结构可靠性指标可用 $\beta$ 表示,其几何意义为其对应概率分布函数的分位点。可靠性指标 $\beta$ 是结构设计中的重要指标,在各国标准中得到广泛应用。如图 2.5 所示,$\beta$ 可用下式表达:

$$\beta = -\Phi^{-1}(P_f) \tag{2-9}$$

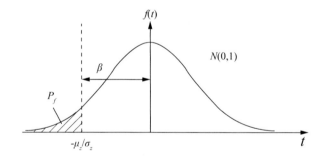

**图 2.5　可靠性指标与失效概率的关系示意图**

一般设计中、国际或国家规范中对 $\beta$ 有明确的要求:

$$\beta_c \geqslant \beta_t \tag{2-10}$$

其中,$\beta_c$ 为计算值;$\beta_t$ 为设计或规定的目标值。

用一阶可靠性法,Cornel(1969)确定了可靠性指标 $\beta_c$ 为

$$\beta_c = \frac{E(R_i - S_i)}{D(R_i - S_i)} \tag{2-11}$$

当 $R_i$ 与 $S_i$ 相互独立,$R_i$ 与 $S_i$ 都服从正态分布,并且其均值与标准差分别为

$\mu_R$、$\mu_S$ 和 $\sigma_R$、$\sigma_S$ 时，结构失效模式的可靠性指标可以由下式求得：

$$\beta = \frac{\mu_R - \mu_S}{\sqrt{\sigma_R^2 + \sigma_S^2}} = \frac{\mu_Z}{\sigma_S} \qquad (2-12)$$

如此通过对数值模拟得到的时历数据验证其正态性，则可以用之作为计算失效模式失效概率的数据源[94]。

### 2.3.4 监测数据的相关性与多信息融合

海洋结构物中许多构件的监测数据间存在很强的相关性，特别是浮体之间用于定位的多条缆绳、相互影响的水下系泊线等。这些构件处于类似的环境中，相互配合承担载荷，实现某一功能。在分析监测的数据时，应多关注其相关特性，通过相关传感器提供的信息，实现有效的状态监测与故障诊断。

基于多个构件间的相关关系，对多频道信息加以融合分析是提升状态监测、数据恢复、故障诊断可信度的有效方法。多频道的数据可以是同种监测变量，如应力，也可以是不同变量，如温度与振动信号。单个构件本身的传感器所监测的变量不一定能够准确全面地表达出构件的运行状态，并且常使人产生误判。比如，若某系泊缆的应力突然小于正常值范围，从最大断裂强度的角度考虑，其是安全的，但是出现此状态的原因可能是其刚度退化，从而造成了其所承担的载荷变小。若是综合其他缆绳信息分析，则可降低对健康状态的误判率，可见应用多信息融合技术将有更大概率得到符合实际的结果。

总的来说，上述方法均可用于获取海洋工程系统可靠性分析所需的失效数据。本书采用数值模拟法获取第5章考虑相关性的系统可靠性分析算例中结构构件的失效概率；囿于资料来源的限制，采用数据库、文献资料、企业报告、专家判断、类比和修正方法，进行第6章动态系统可靠性分析算例的数据获取。

## 2.4 本章小结

本章对海洋结构物可靠性数据的获取、处理方法进行了归纳与分析。首先归纳了海洋结构物可靠性数据的几种获取方法：可直接获取的数据源、样机或模型试验法、现场或数值模拟数据、专家判断法，并提出了类比、修正法，以解决海上新型设备失效数据不足的问题，并分析了各种方法的适用性。然后重点对依据监测系统进行的数据获取、分析、处理的方法进行了详细分析，并展望了未来监测系统的发展方向。相应的数据获取、处理方法可为后续的监测、可靠性分析方法的研究奠定基础。

# 第 3 章

## 监测系统的数据恢复方法

## 3.1 引言

第 2 章对可靠性数据的获取方法进行了归纳和研究,其中最重要的方法之一是现场监测,因为大多失效案例、不同形式的失效数据其本质上的来源都是现场收集的信息。为了实现更科学的系统可靠性分析,监测系统需要获取更可靠的监测数据,这便意味着要解决传感器易失效的问题,对于存在较强相关性的构件系统,可以从相关性入手来解决,以赋予海洋工程系统中的相关多构件监测系统以可恢复(resilient)的能力。一个具有恢复能力的监测系统具有以下特征:

- 能够有效识别故障或具有故障特征的异常状况;
- 能够利用不完整的、不可靠的数据;
- 能够通过整合多源数据来估计系统的健康状况;
- 动态选择正常工作的传感器(组)去收集有用的信息;
- 应用正常工作的动态传感器(组)来预测相关元件的状态;
- 当监测系统受到干扰或已经失效时,仍然能够合理地评估系统[26]。

本章提出了监测系统的数据恢复方法,利用构件监测数据的相关性,立即建立起信息的恢复通道,以实现不间断的、不受干扰的连续监测,保证监测数据的完整性。

## 3.2 监测系统的数据恢复方法

海洋工程系统中的部分元件之间存在相关性,比如锚泊线系统、FPSO 旁靠/串靠系泊缆绳、输油管路中的任意环节等。多构件系统的相关性给可靠性分析带来困难,但同时相关性可作为数据恢复的基础。

海洋结构物每一个元件的传感器所获取的数据,是时间顺序内随机变化的一个变量,其实就是一时间序列(time series)。时间序列法可以通过对时序数据的分析,预测单变量未来与历史的关系,也可以预测两个或两个以上变量之间的关系。多变量时间序列分析,指根据多元时间序列的特性,以及其相互之间的相关性、错位相关性等,建立结合多元件已知序列与历史数据的数学模型,从而预测某一或某几个序列的结果。因此,当某个传感器失效时,基于与之相关的其他元件的数据,根据时间序列法可以尝试恢复此元件丢失的数据[96-98]。

时间序列预测法,就是通过编制和分析时间序列,根据时间序列所反映出来的发展过程、方向和趋势,进行类推或延伸,来预测下一段时间或未来若干时间段内数据可能达到的水平。其通常被用于描述系统的过往发展特征,对相关联的多变量进行互相解释,预测未来的趋势,对变量进行数值的控制。对时间序列细节、周期、趋势的预测,通常可得到良好的效果。预测法主要分为几种类型,其中比较简单的方法有:基于算术平均数预测未来的简单序时平均数法,以及在此基础上加权处理的加权序时平均数法;另有相继移动计算若干时间段算术平均数的简单移动平均法,以及加权后的加权移动平均法;考虑社会发展、外界影响等多种因素,则可以利用指数加权的指数平滑法、考虑季节/循环因素的季节趋势预测法、利用直线外推的市场寿命周期预测法。应根据实际情况将以上这些方法进行合理的应用[99]。

## 3.2.1　多变量 ARMA 模型

关于自回归滑动平均模型(Auto-Regressive and Moving Average Model,ARMA 模型)[97,98],用 ARMA($p,q$)表示该模型,两个参数中,$p$ 为自回归项的系数,$q$ 为滑动平均项的系数,两者共同构成了 ARMA 模型。

自回归模型描述的是当前值与历史值之间的关系:

$$\boldsymbol{X}_t = \boldsymbol{c} + \sum_{i=1}^{p} \boldsymbol{\varphi}_i \boldsymbol{X}_{t-i} + \boldsymbol{\varepsilon}_t \tag{3-1}$$

滑动平均模型描述的是自回归部分的误差累计:

$$\boldsymbol{X}_t = \boldsymbol{\mu} + \boldsymbol{\varepsilon}_t + \sum_{i=1}^{p} \boldsymbol{\theta}_i \boldsymbol{\varepsilon}_{t-i} \tag{3-2}$$

ARMA$(p,q)$模型的形式是

$$X_t = c + \varepsilon_t + \sum_{i=1}^{p} \boldsymbol{\varphi}_i X_{t-i} + \sum_{j=1}^{p} \boldsymbol{\theta}_j \varepsilon_{t-j} \tag{3-3}$$

多变量 ARMA(简记为 VARMA)模型,可用于建立多个时间序列间的相互影响及同步运动关系,其相较于单变量模型所具备的优势有:能够显示几个变量间的关系,包括动态特性;能够得到更好的预测结果。例如,一个市场(比如纽约证券交易所)的股票突变很容易传播到另一个市场(比如东京证券交易所)。因此需建立联合动态模型用于理解动态的相互关系。因而,近年来 VARMA 模型引起了人们极大的兴趣,其理论如下所述。

假设一个具有 $M$ 个元素的向量序列 $\boldsymbol{Y}_t = (Y_1, Y_2, \cdots, Y_m)'$,由 $n$ 个序列变量组成。如果两个分量是时变的,$\boldsymbol{Y}_{it}$ 和 $\boldsymbol{Y}_{js}$ 间的协方差只是时间差$(s-t)$的函数,那么 $\boldsymbol{Y}_t$ 是弱平稳的序列。

平均变量是 $E(\boldsymbol{Y}_t) = \boldsymbol{\mu} = (\mu_1, \mu_2, \cdots, \mu_m)'$。

多变量序列的协方差矩阵是 $\boldsymbol{\Sigma}$:

$$\boldsymbol{\Sigma} = \mathrm{var}(\boldsymbol{Y}_t) = \boldsymbol{\Gamma}_0 = \mathrm{E}\big[(\boldsymbol{Y}_t - \boldsymbol{\mu})(\boldsymbol{Y}_t - \boldsymbol{\mu})'\big]$$

$$\begin{pmatrix} \mathrm{var}(y_{1t}) & \mathrm{cov}(y_{1t}, y_{2t}) & \cdots & \mathrm{cov}(y_{1t}, y_{nt}) \\ \mathrm{cov}(y_{2t}, y_{1t}) & \mathrm{var}(y_{2t}) & \cdots & \mathrm{cov}(y_{2t}, y_{nt}) \\ \vdots & \vdots & \ddots & \vdots \\ \mathrm{cov}(y_{nt}, y_{1t}) & \mathrm{cov}(y_{nt}, y_{2t}) & \cdots & \mathrm{var}(y_{nt}) \end{pmatrix} \tag{3-4}$$

相关矩阵 $\boldsymbol{Y}_t$ 是 $n \times n$ 的矩阵,

$$\mathrm{corr}(\boldsymbol{Y}_t) = \boldsymbol{R}_0 = \boldsymbol{D}^{-1} \boldsymbol{\Gamma}_0 \boldsymbol{D}^{-1} \tag{3-5}$$

其中,$\boldsymbol{D}$ 是对角阵,第 $i$ 个元素是第 $i$ 个过程的方差。协方差和相关矩阵函数为半正定。

$$\boldsymbol{D} = \mathrm{diag}(\gamma_{11}(0), \gamma_{22}(0), \cdots, \gamma_{mn}(0)) \tag{3-6}$$

VMA 过程:

令 $\{\boldsymbol{Y}_t\}$ 是一个线性过程:

$$\boldsymbol{Y}_t = \boldsymbol{\mu} + \boldsymbol{\Psi}(\boldsymbol{L}) \boldsymbol{\varepsilon}_t \tag{3-7}$$

其中,$\boldsymbol{\Psi}(\boldsymbol{L}) = \sum_{q=0}^{\infty} \boldsymbol{\Psi}_q \boldsymbol{L}^q$。

对于平稳过程来说，$\boldsymbol{\Psi}_s$ 应该是平方可积的，这样 $m \times m$ 个变量都是平方可积的。这个表达式是一个 Wold 表达。

VAR 过程：

令 $\{\boldsymbol{Y}_t\}$ 是一个线性过程：

$$\boldsymbol{Y}_t = \boldsymbol{c} + \boldsymbol{\Pi}_1 \boldsymbol{Y}_{t-1} + \boldsymbol{\Pi}_2 \boldsymbol{Y}_{t-2} + \cdots + \boldsymbol{\Pi}_p \boldsymbol{Y}_{t-p} + \boldsymbol{\varepsilon}_t \tag{3-8}$$

$$\boldsymbol{\varepsilon}_t \sim \boldsymbol{WN}\left(0, \sum\right)$$

此公式的 Wold 形式为

$$\boldsymbol{\Pi}(\boldsymbol{L})(\boldsymbol{Y}_t - \boldsymbol{\mu}) = \boldsymbol{\varepsilon}_t \tag{3-9}$$

其中，$\boldsymbol{\Pi}(\boldsymbol{L}) = 1 - \sum\limits_{p=0}^{\infty} \boldsymbol{\Pi}_p \boldsymbol{L}^p$ 。

如果根都在单位圆以外，则 $\mathrm{var}(p)$ 过程是平稳的，

$$\det\left(\boldsymbol{I} - \sum\limits_{p=0}^{\infty} \boldsymbol{\Pi}_s \boldsymbol{z}^p\right) = 0 \tag{3-10}$$

对于这个不可逆的过程，$\boldsymbol{\Pi}_p$ 应该是完全可积的。

VARMA 过程：

当 $\boldsymbol{Y}_t$ 满足 $M$ 维变量的 VARMA($p$, $q$) 模型时，则存在如下公式：

$$\boldsymbol{\Pi}_0 \boldsymbol{Y}_t + \boldsymbol{\Pi}_1 \boldsymbol{Y}_{t-1} + \cdots + \boldsymbol{\Pi}_p \boldsymbol{Y}_{t-p} = \boldsymbol{M}_0 \boldsymbol{w}_t + \boldsymbol{M}_1 \boldsymbol{w}_{t-1} + \cdots + \boldsymbol{M}_q \boldsymbol{w}_{t-q}$$

$$\tag{3-11}$$

其中，$\boldsymbol{\Pi}_0, \boldsymbol{\Pi}_1, \cdots, \boldsymbol{\Pi}_p, \boldsymbol{M}_0, \boldsymbol{M}_1, \cdots, \boldsymbol{M}_q$ 是 $m \times m$ 阶矩阵；$\boldsymbol{w}_t$ 是 $m$ 个元素的扰动向量，它们是互不相关的白噪声过程，但其中的某些有一定程度的同期相关。

另一种表达形式为

$$\boldsymbol{\Phi}_p(\boldsymbol{L})(\boldsymbol{Y}_t - \boldsymbol{\mu}) = \boldsymbol{\Theta}_q(\boldsymbol{L}) \boldsymbol{\varepsilon}_t \tag{3-12}$$

其中，

$$\boldsymbol{\Phi}_p(\boldsymbol{L}) = \boldsymbol{\Phi}_0 - \boldsymbol{\Phi}_1 \boldsymbol{L} - \cdots - \boldsymbol{\Phi}_p \boldsymbol{L}^p$$

$$\boldsymbol{\Theta}_q(\boldsymbol{L}) = \boldsymbol{\Theta}_0 - \boldsymbol{\Theta}_1 \boldsymbol{L} - \cdots - \boldsymbol{\Theta}_q \boldsymbol{L}^q$$

$$q = 0 \Rightarrow \boldsymbol{\Phi}_p(\boldsymbol{L})(\boldsymbol{Y}_t - \boldsymbol{\mu}) = \boldsymbol{\varepsilon}_t \Rightarrow \mathrm{var}(p)$$

$$p = 0 \Rightarrow (\boldsymbol{Y}_t - \boldsymbol{\mu}) = \boldsymbol{\Theta}_q(\boldsymbol{L}) \boldsymbol{\varepsilon}_t \Rightarrow \mathrm{vma}(q)$$

如果 $|\boldsymbol{\Theta}_q(\boldsymbol{L})|$ 的根都在单位圆以外，那么 VARMA 过程是不可逆的。

建立一个 ARMA 模型应从估计自相关函数（Autocorrelation Function,ACF）和偏自相关函数（Partial Autocorrelation Function,PACF）开始,通过对这两个函数的分析可以初步估计出 ARMA 模型的阶数 $p$ 和 $q$。ACF 被用以度量时间序列中每隔 $k$ 个时间单位 $y(t)$ 和 $y(t-k)$ 观测值之间的相关性。为了能单纯测度 $y(t-k)$ 对 $y(t)$ 的影响,引进偏自相关系数（PACF）的概念。对于平稳时间序列 $\{y(t)\}$,所谓滞后 $k$ 阶偏自相关系数是指在给定中间 $k-1$ 个随机变量 $y(t-1),y(t-2),\cdots,y(t-k+1)$ 的条件下,或者说,在剔除了中间 $k-1$ 个随机变量 $y(t-1),y(t-2),\cdots,y(t-k+1)$ 的干扰之后,$y(t-k)$ 对 $y(t)$ 影响的相关程度。利用 ACF 与 PACF 判断阶数的方法如下:

(1) 如果当 $k>q$ 时,ACF 中的 $\rho_k$（$k$ 为滞后时间）等于 0,而 PACF 衰减,那么此时间序列的过程是一个 MA($q$) 模型;

(2) 如果当 $k>p$ 时,PACF 中的 $\pi_k$（$k$ 为滞后时间）等于 0,而 ACF 衰减,那么此时间序列的过程是一个 AR($p$) 模型;

(3) 如果并没有以上 MA 模型或 AR 模型的特征,此模型即 AR($p$) 和 MA($q$) 的组合模型。

利用最小平方估计方法可进行 ARMA 模型的参数求解。经过初步确定模型阶数后,还需根据迟滞系数选择规则来进一步确定最优参数。主要的方法是利用 $p=0,\cdots,p_{max}$ 与 $q=0,\cdots,q_{max}$ 来拟合模型 ARMA($p,q$),选择一组 $(p,q)$,使得依据以下准则得出的结果最小:Akaike（AIC）准则、Schwarz-Bayesian（BIC）准则和 Hannan-Quinn（HQ）准则。其中,AIC 准则一般倾向于选择阶数更高的模型。然而在普遍情况下,如果真实阶数 $(p,q)$ 小于等于 $(p_{max},q_{max})$,那么根据 BIC 准则和 HQ 准则估计的结果是一致的。

综上,VARMA 模型建模的流程为:

(1) 获取时间序列数据,综合分析各序列及其相互的 ACF、PACF、散点图,识别其平稳性。如果时间序列非平稳,可以事先对序列进行差分,直到序列的 PACF 和 ACF 的数值非显著、非零。对于短的或简单的时间序列,可用趋势模型和季节模型加上误差来进行拟合。

(2) 依据 ACF 图,识别出跳点和拐点。分析跳点是否是正常观测值,若正常则建模时考虑此值,若是异常点,则把跳点调整到期望值。拐点表示从上升趋势突然变为下降趋势的点,如存在拐点,应分段拟合时间序列。

(3) 建立 ARMA 模型。若 PACF 截尾,ACF 拖尾,为 AR 模型;若 PACF 拖尾,ACF 截尾,为 MA 模型;若两者均拖尾,则序列为 ARMA 模型。

（4）参数估计，并分析其显著效应。

（5）残差序列检验，检验残差是否为白噪声，若是白噪声代表此模型较为合理。

（6）根据 ARMA 模型预测未来数据[98,100,101]。

对于多频道监测系统来说，利用 VARMA 模型对失效传感器所丢失的数据进行恢复是可行的。基于上述理论，首先基于多变量的相关性对虚拟传感器进行研究，继而利用 VARMA 方法构建数据恢复方法。

### 3.2.2　虚拟传感器

关于提升多频道监测系统的可恢复性，可以从相关时间序列信号的角度进行分析，利用多变量 ARMA 理论可以对此问题进行深入分析。

假设共有 $M$ 个零件，每个零件有其对应的传感器，所有传感器的数据则构成了多变量的时间序列。$[S_1,S_2,\cdots,S_M]$ 为包含 $M$ 个随机变量的向量，描述了 $M$ 个特定的传感器的值，传感器测量出相应 $M$ 个零件的特征变量 $[P_1,P_2,\cdots,P_M]$。$[\delta_1,\delta_2,\cdots,\delta_M]$ 表示 $M$ 个传感器的二状态值，即 $\delta_i=\{1,$ 如果传感器 $i$ 正常工作; $0,$ 如果传感器 $i$ 失效$\}$，并且 $[\gamma_1,\gamma_2,\cdots,\gamma_M]$ 表示监测零件的二状态值，这里的 $\gamma_i=\{1,$ 如果零件 $i$ 正常工作; $0,$ 如果零件 $i$ 失效$\}$。

对于一个监测系统，假设当传感器正常工作时（$\delta_i=1$），每个特征变量 $P_i$ 和他的传感器测量值 $S_i$ 具有以下的线性关系存在：

$$S_{ij}=\alpha_i P_{ij}\gamma_i+\varepsilon_{ij}\ (i=1,2,\cdots,M;\quad j=1,2,\cdots,M) \qquad (3\text{-}13)$$

其中，$\alpha_i$ 是传感器 $i$ 的系数；误差 $\varepsilon_{ij}\ (j=1,2,\cdots,M)$ 是独立的并满足正态分布 $N(0,\sigma_i^2)$，其均值为 0，方差为 $\sigma_i^2$。实际上，根据上式可知，特征变量组 $[P_1,P_2,\cdots,P_M]$ 的相互相关性其实就隐含在相应的监测信号组 $[S_1,S_2,\cdots,S_M]$ 之中[100,101]。

多变量时间序列中所有变量间的相关关系可以通过式(3-5)计算出来。

通过多变量（多频道数据）相关系数及延迟相关性的分析，通过制定合适的高度相关、相关、不相关的相关系数阈值，将所有的结构元件进行分组。例如，此阈值可设置为 $0.9\leqslant\rho\leqslant1.0$，$0.6<\rho<0.9$，$0\leqslant\rho\leqslant0.6$，将高度相关的两个构件利用实线连接，相关的利用虚线连接，不相关的不连接。通常这些构件会被分成若干组。

根据不同频道信号的相关性分析，当某构件传感器失效时，通过监测与其相关的组内其他成员的状态,来推测时间序列,并预测零件状态。此时,这个被用来替代的传感器(一个或多个传感器)即可作为失效传感器的虚拟传感器。由此,系统所有零件的状态监测过程不会因缺失的传感器而中断,这样便实现了系统的可恢复监测。

### 3.2.3　基于 VARMA 模型的数据恢复方法

海洋结构物响应数据的特点为:在平均值附近往复波动,由于在实际环境中波浪可以被看作是由不同波长、不同频率的规则波组成的,所以结构响应的周期不是恒定的,波幅也在实时变化;响应是随机变量,随着环境不断变化,并且没有特定的规律。响应幅值在不同的自由度上大小不同,在某些自由度上基本没有运动,通常环境方向起到决定性作用;可能存在季节性,即长周期(非单一波动周期)的一致性。

海洋环境下,基于 VARMA 模型进行结构响应数据恢复的流程如下(见图 3.1):

(1) 获取某环境工况下系统多元件(或多频道)的时序数据。此时假设某一元件(频道)传感器失效。

(2) 确定此元件(频道)的高度相关元件(组),将其作为虚拟传感器(组)。

(3) 将传感器失效前数据与虚拟传感器数据结合,建立 VARMA 模型。

(4) 利用 VARMA 模型,恢复传感器失效元件(频道)的丢失数据。

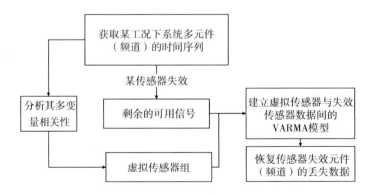

**图 3.1　基于 VARMA 模型的数据恢复流程**

本章将数值模拟的数据假设为监测数据,并据此提出了基于 ARMA 模型的数据恢复方法,在此提出建立 VARMA 模型需满足一定的前提条件:

（1）应保证环境监测系统下的环境保持不变。当环境条件变化不大时，便可看作相对稳定的一种环境工况。如果环境条件发生较大变化，应截取同样环境条件的时间阶段分别进行建模和数据恢复。

（2）保证环境条件单一后，验证其是否平稳，是否具有周期性、季节性。如果序列为非平稳、有周期的序列，需要对其进行预处理，通过差分或求对数方法实现去趋势性、去周期性[100,101]。

（3）假设数值数据为实际工程中监测数据进行预处理（去除异常值，去除由传感器故障引起的漂移等因素）后的时间序列，并且此序列是平稳时间序列或可以处理为平稳时间序列，即利用数值模拟计算得到的监测数据与工程实际中预处理得到的监测数据存在线性关系。

（4）只研究工程实际中传感器出现完全失效这一种故障模式，而不考虑传感器出现漂移、偏差、精度下降等故障模式。

（5）假设基于该方法失效传感器可以被识别出来，因此，每次仅存在最多一个传感器失效，其他传感器运行正常。

（6）传感器失效的构件，至少存在一个构件，其监测数据与所研究的数据具有较强相关性。

## 3.3　FPSO 旁靠系缆的数据恢复

为了阐释基于虚拟传感器与 VARMA 方法进行数据恢复与预测的方法，本章采用"渤海明珠号"FPSO 旁靠输油系缆系统的完整工况参数为例，如图 3.2 和图 3.3 所示，此 FPSO 配备外转塔式软钢臂系泊系统，由系泊塔架、Yoke 和系泊腿构成，两船间有 10 根尼龙缆绳系泊，并装有 4 个靠球，靠球的功能为防止 FPSO 或终端设备与油船发生碰撞。由于不易得到现场数据作为数据来源，本书对缆绳完整状态下的系缆系统进行数值模拟以获取数据源，采用商业软件 ANSYS – AQWA®R 进行数值模拟。并假设数值模拟数据为在线监测数据，以实现所提监测方法的应用和验证。这里采用通过数值模拟得到的时间序列进行数据恢复准确度的验证，模拟采集数据的频率为 1 s，属于连续短期监测。

需要指出的是，真实的缆绳监测数据可能会存在漂移、噪声、信号干扰等因素，需要对数据进行预处理以消除白噪声，剔除其他因素造成的干扰成分。经过预处理的信号则可以利用本书方法实现监测系统可恢复的功能。

**图 3.2 软钢臂系泊的"渤海明珠号"FPSO**　　**图 3.3 FPSO 与穿梭油轮旁靠输油**

### 3.3.1 基于数值模拟的在线数据获取

油气外输作业过程中，为保证作业安全，两船距离应相对稳定，不发生大幅度的相对运动，避免碰撞或漂移。FPSO 外输油作业的有限元模型如图 3.4 所示，该图显示了网格的划分细节，另外为增强数值模拟的准确度，在数值模型的两船间自由面设置了阻尼板。系统的俯视示意图如图 3.5 所示，此图给出了风浪流环境载荷的来向，由于 FPSO 的风标效应，主要研究风浪流的方向来自 0°的工况[102]。

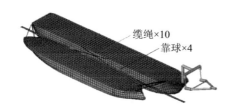

**图 3.4 旁靠外输系统有限元模型**

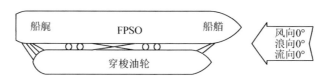

**图 3.5 FPSO 模型俯视图**

FPSO 和油船的具体参数如表 3.1 和表 3.2 所示。在输油的过程中，FP-SO 卸油，通过输油软管输送给油轮，两船油量会发生变化，所以取两个典型压载情况。这里用 LC(Load Condition)代表压载情况：LC1 为 FPSO 压载，而油轮满载；LC2 为 FPSO 满载，而油轮压载。本章取 FPSO 满载、油轮压载为研究工况，即 LC1。

表 3.1　FPSO 与油船的主尺度 单位：m

| 尺度 | FPSO | 油轮 |
| --- | --- | --- |
| 长 | 218.13 | 180.0 |
| 两柱间长 | 210.0 | 171.2 |
| 宽 | 32.8 | 32.2 |
| 深度 | 18.2 | 14.2 |
| 设计吃水 | 11.7 | 9.5 |

表 3.2　两种装载工况下 FPSO 和油轮的主要参数

| 浮体 | FPSO | | 油轮 | |
| --- | --- | --- | --- | --- |
| 装载状况 | 满载 | 压载 | 满载 | 压载 |
| 吃水(m) | 11.70 | 8.42 | 9.50 | 5.43 |
| 排水量(t) | 75 501.50 | 53 993.50 | 43 789.20 | 24 216.90 |
| $G_x$(m) | 100.78 | 97.04 | 88.97 | 86.16 |
| $G_y$(m) | 0 | 0 | 0 | 0 |
| $G_z$(m) | 12.25 | 12.43 | 7.93 | 8.71 |
| 纵向等效受风面积(m²) | 541.20 | 648.70 | 473.34 | 604.40 |
| 横向等效受风面积(m²) | 2 619 | 3 303 | 989.60 | 1 689.60 |

注意：$G_x$、$G_y$、$G_z$ 代表重心位置坐标，分别以尾部垂线、中心线和船舶基本线为参考。

　　软钢臂刚性固定于 FPSO，有限元网格划分情况如图 3.6 所示。软钢臂系统由刚性构件组成，刚性构件间采用万向连接装置，以适应系泊腿的转动。在数值仿真中，假设软钢臂由管状刚性结构构成。软刚臂产生的回复力对 FPSO 起到系泊作用，可为 FPSO 提供高达 410 t 的系泊力。软钢臂受拉，因此极限力取为屈服极限。表 3.3 给出了软钢臂的具体参数。

　　针对靠球和缆绳，考虑响应力服从非线性方程。响应力可以表示为

$$T = k_1 x + k_2 x^2 + k_3 x^3 \tag{3-14}$$

其中，$x$ 代表靠球与缆绳的变形；$k_1$、$k_2$、$k_3$ 是常系数。靠球与缆绳的相应系数如表 3.4 所示，F-* 代表靠球编号，H-* 代表缆绳编号。

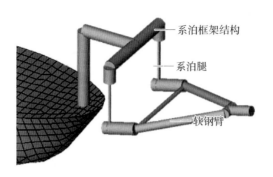

系泊框架结构

系泊腿

软钢臂

**图 3.6　软钢臂的有限元模型**

**表 3.3　软钢臂的参数**

| 参数 | 值 |
|---|---|
| 系泊结构距自由面的高度(m) | 19.09 |
| 软钢臂长(m) | 32 |
| 软钢臂宽(m) | 24 |
| 每条锚腿长(m) | 13 |
| 吊杆与锚腿间距离(m) | 14.30 |
| 软钢臂重量(t) | 212.31 |
| 每条锚腿重量(t) | 23.19 |

**表 3.4　靠球与缆绳的变形系数**

| 系数 | $k_1$ | $k_2$ | $k_3$ |
|---|---|---|---|
| F-1～F-4 | 5.72E+05 | 1.18E+05 | 5.98E+05 |
| H-1 | 6.14E+05 | −3.25E+05 | 9.51E+04 |
| H-2 | 6.57E+05 | −3.73E+05 | 1.17E+05 |
| H-3 | 7.08E+05 | −4.33E+05 | 1.46E+05 |
| H-4 | 7.11E+05 | −4.37E+05 | 1.48E+05 |
| H-5 | 2.61E+05 | −5.89E+04 | 7.32E+03 |
| H-6 | 2.61E+05 | −5.89E+04 | 7.32E+03 |
| H-7 | 4.39E+05 | −1.66E+05 | 3.47E+04 |
| H-8 | 4.25E+05 | −1.56E+05 | 3.16E+04 |

| 系数 | $k_1$ | $k_2$ | $k_3$ |
|---|---|---|---|
| H-9 | 3.01E+05 | −7.83E+04 | 1.12E+04 |
| H-10 | 3.83E+05 | −1.27E+05 | 2.31E+04 |

系泊缆选择直径为 136 mm 的特级尼龙缆绳,其最小破断力为 4 593 kN。图 3.7 为该参数缆绳的极限应力曲线[103],表示了新、旧缆绳张力与伸长的非线性关系。在有限元分析中,设置靠球(5.5 m×2.5 m)为非线性弹簧,此例中靠球的极限力为 2 653 kN。4 个靠球相对于 FPSO 的位置如表 3.5 所示,本书中假定靠球始终处于正常的位置。本章及第 4 章仅考虑 10 根缆绳的在线数据,而不考虑靠球和软钢臂结构。

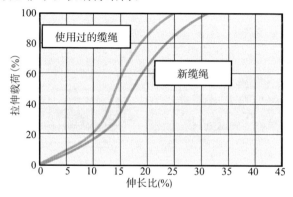

**图 3.7　超级缆绳的拉伸载荷与伸长比之间的关系**[103]

**表 3.5　FPSO 上安装的 4 个靠球的纵向位置**

| 靠球编号 | $X$ |
|---|---|
| F-1 | 61.36 |
| F-2 | 78.48 |
| F-3 | 129.84 |
| F-4 | 146.96 |

根据美国石油学会(API)的单点系泊规范[104],主要考虑风浪流的方向来自 0°的某典型环境工况:有义波高为 2.5 m,谱峰周期为 7.9 s,表面流速为 0.67 m/s,1 小时持续风速为 18 m/s,谱升因子为 1.96。利用 JONSWAP 波浪谱[104]来计算波浪力,利用相对速度势平方的比例计算风力和流力,风流系数根据国际海事论坛(OCIMF)来计算[105]。

　　图 3.8 给出了在此工况下数值模拟得到的 10 根缆绳时历数据结果。可见,响应由高频与低频成分耦合组成,其特点是波动频率较高。由于 FPSO 和油轮双浮体的六自由度耦合运动,缆绳被交替拉紧与放松,所以其受力均呈现围绕着某均值的持续波动状态。每个极大值都表示在一个小周期内被拉到最紧的状态,零值则表示其处于松弛状态。

　　数值模拟过程中前 2 000 s 左右的数据并不稳定,而研究的时间历程假设为运动达到相对稳定的状态,因此在研究中去除了 2 000 s 以前的数据。

　　假设某一时刻以后缆绳的数据丢失,而模拟并未停止,此时间点后通过数值模拟得到的数据可被用作验证数据恢复准确度的标准,以验证此方法的可行性与可信度。

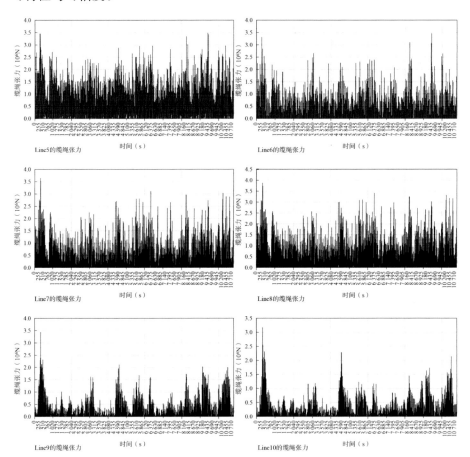

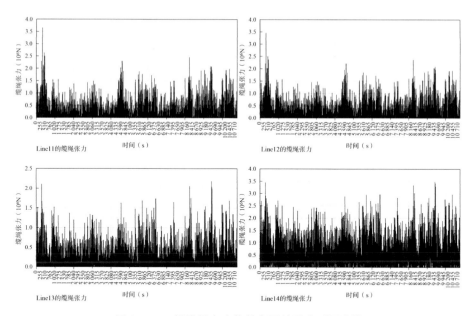

**图 3.8　10 根缆绳在完整状态下的受力时历曲线**

## 3.3.2　虚拟传感器的分析

为了研究代替失效传感器的其他虚拟传感器,首先需要分析各传感器采集的数据间的相关性,本书不仅考虑了传统的相关性,还考虑了具有迟滞时间的交叉相关性。表 3.6 给出了此工况下,10 根缆绳的无迟滞相关系数矩阵。表中左下角为虚拟传感器组的结果,根据本例结果,对相关系数进行分级,在此假设相关系数大于 0.85 时为强相关关系,用实线在表 3.6 中表示;相关系数为 0.65～0.85 时为较强相关关系,利用虚线表示;相关系数小于 0.65 时为弱相关关系。在实际中可不考虑采用相关关系小于 0.65 的构件作为各自的虚拟传感器。由表 3.6 中左下角的示意图,根据无迟滞的相关性,将所有缆绳分为 3 个组内相互相关的组,组内的成员可以作为其他成员的虚拟传感器。第一组为 Lines5～8,第二组为 Lines9～10,第三组为 Lines11～14。

**表 3.6　10 根缆绳完整工况下的相关系数矩阵[$\rho_{ij}$]及其相关组的划分**

| 缆绳 | 5 | 6 | 7 | 8 | 9 | 10 | 11 | 12 | 13 | 14 |
|---|---|---|---|---|---|---|---|---|---|---|
| 5 | 1.00 | 0.97 | 0.80 | 0.73 | 0.11 | −0.09 | −0.21 | −0.07 | −0.10 | −0.09 |
| 6 | — | 1.00 | 0.74 | 0.65 | 0.10 | −0.09 | −0.18 | −0.06 | −0.08 | −0.07 |

| 缆绳 | 5 | 6 | 7 | 8 | 9 | 10 | 11 | 12 | 13 | 14 |
|---|---|---|---|---|---|---|---|---|---|---|
| 7 | — | — | 1.00 | 0.96 | 0.39 | −0.32 | −0.34 | −0.11 | −0.16 | −0.14 |
| 8 | — | — | — | 1.00 | 0.42 | −0.35 | −0.40 | −0.15 | −0.20 | −0.18 |
| 9 | 虚拟传感器组 | | | | 1.00 | −0.94 | −0.53 | −0.28 | −0.28 | −0.26 |
| 10 | | | | | — | 1.00 | 0.59 | 0.31 | 0.30 | 0.29 |
| 11 | | | | | — | — | 1.00 | 0.59 | 0.74 | 0.69 |
| 12 | | | | | 对称的 | | | 1.00 | 0.90 | 0.93 |
| 13 | | | | | | | | — | 1.00 | 0.99 |
| 14 | | | | | −ρ∈[0.65,0.85] | | −ρ>0.85 | | — | 1.00 |

为了获得可靠的相关性结果,使得虚拟传感器的设置更符合实际,继续计算 10 根缆绳的延迟相关系数,最大迟滞时间选为 40 s。为了直观形象地看出迟滞相关的特点,做出相应的三维图,如图 3.9 所示,各子图分别表示每根缆绳与其他缆绳之间不同延迟时间的相关系数。由此,在每个相关传感器组内找到合适的虚拟替代传感器,则可以实现数据恢复功能。

图 3.9 表明 Lines5～8 的相关系数具有同样的峰值周期,这个规律在 Lines11～14 中也有所体现。而这两组相关系数之间存在着峰值时刻的错位。对于所有缆绳来说,大致遵循的规律是:延迟时间越短,迟滞相关性越强。第二组中,Line9 和 Line10 在所有迟滞时间上基本都为负相关。第二组与其他所有缆绳的最大迟滞相关系数约为 0.4。而对于第三组,虽然 Line11 与 Line12 的无延迟相关性仅为 0.59,但是图 3.9 显示 Line11 与组内其他成员的迟滞相关性其实很强。

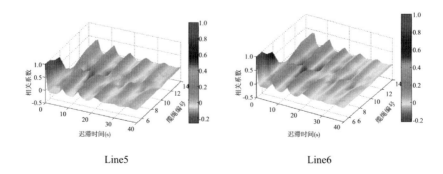

Line5        Line6

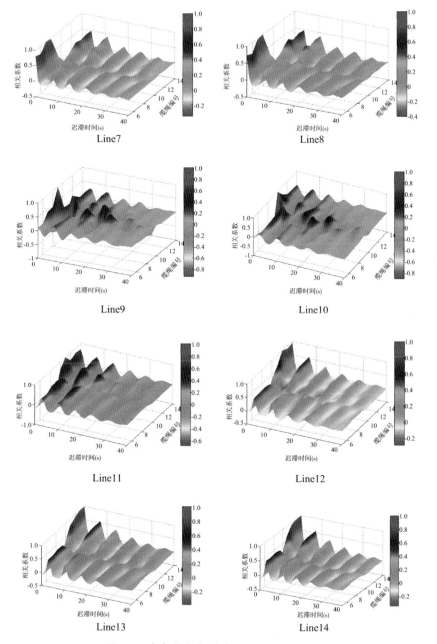

**图 3.9　每根缆绳与其他缆绳的延迟相关性**

　　总体来说,对于一个构件,选取组内的数目合适、效果明显的其他组内成员作为其虚拟传感器是可行的。但是,关于在特定案例中确定哪种传感器组合最适合、可得到较为精确的监测数据恢复值,还需要参考实际试验。

### 3.3.3 多变量 ARMA 模型的建立

假设 Line11 的传感器在任一时刻(本例取 3 341 s)失效,即自此时刻起,Line11 的后续数据丢失,但实际上,此时的 Line11 是正常运行的。接下来进行数据的恢复。

由图 3.10 可知,与其余所有缆绳相比,Line11 与 Line13、Line14、Line12 有着最强的互相关关系。理论上这 3 个传感器可以被选作其虚拟传感器,此四维序列可被用来建立多维时间序列模型,用以恢复丢失的序列。

这里考虑了多方因素、试验与模拟结果,发现 Line12(简记为 L12)的恢复效果最好,因此在此例中确定 L12 是用于恢复 L11 数据的虚拟传感器的最优选择。

利用 L12 的数据和 L11 故障发生时刻以前的数据,可以建立一个双变量 ARMA 模型。图 3.10 显示了双变量数据恢复的原理图。如图 3.10 所示,取传感器故障发生前 100 s 的 L11 和 L12 的数据作为建立模型的基础。基于此模型,结合后续时间段内 L12 在每一刻监测得到的数据,来恢复 L11 丢失的数据。

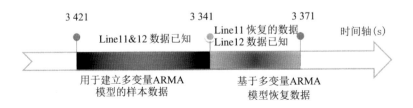

**图 3.10 基于多变量 ARMA 模型进行数据恢复的示意图**

此例中,基于多变量 ARMA 模型的数据恢复可以归结为以下步骤:

(1) 处理数据。L11 的时间序列 $S_{11}(t)$ 和 L12 的时间序列 $S_{12}(t)$ 应进行单位根检验,这里利用 Augmented Dickey-Fuller 进行检验。结果显示,所有根都在单位圆内,证明这些时间序列是平稳的。如果有根落在单位圆以外,则证明此序列非平稳,需要对其进行一些处理,比如差分、去周期化等。

(2) 估计 AR 模型和 MA 模型的阶数 $(p, q)$。模型中最大的迟滞时长在某些情况下可能是一种先验知识,但通常是未知的,有时也可能是无穷大的。通过对各自时间序列的、多序列的交叉 ACF 和 PACF 的分析,可以初步得到可选的 ARMA 阶数。

（3）利用多变量时间序列数据,建立符合阶数的初步模型 ARMA($p$,$q$)。

（4）根据选择迟滞系数的一些法则,如上节所述的 AIC、BIC、HQ,选择最优的系数。如果在某些迟滞系数上表现不显著,则可以删除此迟滞系数。由此确定最终的阶数,建立 ARMA 模型。

（5）利用 ARMA 模型,恢复在设定的置信区间内传感器失效时刻后的数据。

数据预测的方法有两种。一种是静态预测,即使用模型的拟合值进行预测,要求所有解释变量在预测样本中的观测值可以获得,对于包含 AR 误差项或者 MA 项的方程,将把该方程的残差预测加入模型预测中。另一种是动态预测,其可实现多步预测,即只使用解释变量第一期的实际观测值,其后各期预测值都是采用递推的方法用动态项（滞后被解释变量）的前期预测值代入预测模型来预测下一期的预测值（动态项只适用于动态模型）。解释变量如有缺失项,那么对应期及以后各期观测值将无法预测。在多期预测中,这两种方法生成的第一期结果相同,其他预测结果不同。特别地,当不存在 AR-MA 项时,这两种方法在第二期及以后各期将给出完全相同的结果。

本书利用动态方法计算,每次仅计算其下一秒的数据,并根据每一秒 L12 更新的数据计算再下一秒的 L11 受力。

利用 ACF 和 PACF 确定多变量 ARMA 模型的阶数,表 3.7 显示了 L11 和 L12 的函数及两者相互之间的函数。如表所示,其特点符合前述阶数判断规律（2）,即当 $k>p$ 时,所有的 PACFs 为 0,而所有的 ACFs 逐渐衰减。所以此模型被初步定义为 AR($p$)。综合观察 3 个 PACF 图,发现三阶以内的值较大,超过三阶则不显著,所以选择最大阶数为 3。然后通过迟滞系数判断法则——AIC 法则验证,结果只有一阶是显著的。所以最终确定多变量 ARMA 模型为多变量 AR(1) 模型。

表 3.7　Line11 和 Line12 的 ACF 和 PACF 结果

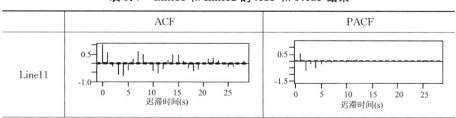

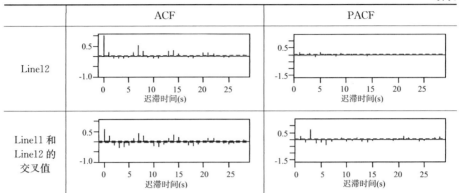

通过最小平方估计法,求解各项系数,建立 AR(1)模型如下:

$$S_{11}(t) = -12\,547.892 + 0.942 \times S_{12}(t) - 0.040\,S_{12}(t-1)$$
$$+ 0.610 \times S_{11}(t-1) \qquad (3\text{-}15)$$

建立模型的输出结果如表 3.8 所示。所有成分的 $P$ 值小于 0.05,所以此模型包含的所有成分均是显著的。$R$ 平方值为 0.099 5,意味着此模型包含了原数据绝大部分的信息。

除此之外,图 3.11 展示了建立的 ARMA 模型与原信号的对比,以及其残差值序列。可以看出,所建立的 AR(1)模型与原序列高度吻合,残差序列远低于原序列水平,并证实残差序列为白噪声,所以此模型合理。因此,该模型能够较精确地模拟原始时间序列。

图 3.11 为预测值与实际值的比较,($a$)图中,实线为实际的数值模拟数据,点线为利用本 ARMA 模型预测出的数据。可以看出,此模型的预测准确度非常高,与实际数据几乎完全吻合。并且从($b$)图中的曲线可以看出,残差的值很小,与实际值不可比拟,由此验证了模型较高的准确度,以及此方法的可行性。

表 3.8　ARMA 模型输出结果

| 变量 | 系数 | 标准差 | $t$ 值 | $P$ 值 |
| --- | --- | --- | --- | --- |
| C | −12 547.89 | 3 401.246 | −3.689 204 | 0.000 4 |
| $S_{12}(t)$ | 0.941 709 | 0.012 830 | 73.400 10 | 0.000 0 |
| $S_{12}(t-1)$ | −0.040 301 | 0.012 834 | −3.140 097 | 0.002 3 |
| $S_{11}(t-1)$ | 0.609 576 | 0.081 376 | 7.490 834 | 0.000 0 |

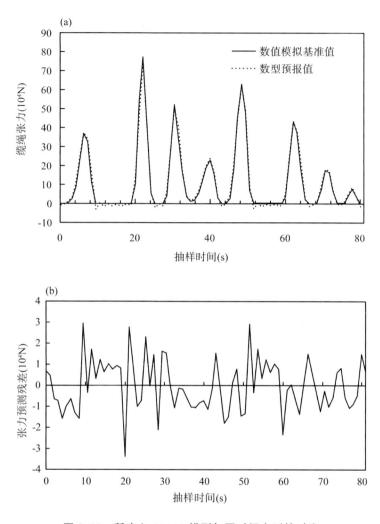

**图 3.11　所建立 ARMA 模型与原时间序列的对比**

## 3.3.4　基于虚拟传感器的数据恢复

　　预测传感器失效时刻后 30 s 的 30 个样本,将其预测结果与参考的数值模拟结果的对比结果,以及预测结果的上下置信界限值绘制于图 3.12 中。置信区间为 2 倍平方差。图 3.12 结果显示,恢复的数据与模拟数据非常接近,误差很小,而且极点时间预计准确,对实际工程安全监测与控制非常有效。并且在整个恢复时间域内,置信区间完全包络了所有数值模拟参考标准值。

此预测的标准相对误差为 0.14,此误差水平足以满足工程上的实际要求。此计算程序用时约 1 s,此时间完全可以实现实时数据恢复。综上,此方法可以很好地实现 FPSO 旁靠输油监测系统中缆绳的实时恢复能力。

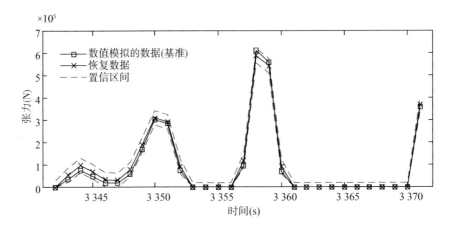

**图 3.12  利用多变量 ARMA 模型、Line12 的相关关系预测 Line11 的数值**

通过对其他缆绳的预测,证实此方法同样是高效且准确的。频率特性与数据幅值的预测表现出高于 85% 的准确率,这为整个旁靠系泊系统的健康状态评估与风险控制、管理决策制定方面提供了高效且可靠的数据基础。

本书提出的数据恢复方法在提升 FPSO 旁靠系泊系统监测系统恢复力方面表现出了优越性。并且证实了多变量 ARMA 模型对于海洋工程系统结构响应时间序列具有较为强大的拟合能力与预测能力。得到的恢复结果吻合水平高、误差小,足以用于实时恢复数据,以继续监测构件健康状况,可应用于实际输油作业中。

## 3.4  本章小结

本章针对海洋环境中设备的传感器易失效而造成监测数据库不完整的问题,提出了适用于海洋工程监测系统的数据恢复方法。提出在某构件传感器失效时将其相关构件的传感器作为虚拟传感器对其继续监测的思路,利用虚拟传感器与多变量 ARMA 模型相结合的方法,实现实时的数据恢复,保证了数据的完整性。本章提出的利用多变量 ARMA 模型进行预测的方法实质是数据驱动的方法,ARMA 模型是时间序列中常用的便捷且高效的方法,与贝叶斯方法、支持向量机等基于知识的数据恢复方法相比,本书提出的数据恢复方法不需要大量历史数据作为建模基础,仅需少量数据即可实现较精确的数据恢复,显示了其高效性。将 FPSO 旁靠输油系统数值仿真结果假设为监测数据源,利用虚拟传感器恢复了缆绳数据,发现结果在置信区间内,恢复数据曲线与仿真数据吻合良好,可以在单位采样时间间隔(本书例子为 1 s)内将监测系统从传感器异常状态恢复到正常监测状态,体现了方法的可靠性和高效性,保障了监测数据的完整性。虚拟传感器思路和多变量 ARMA 模型可适用于在线运行过程需长期监测以保留历史数据的系统,如由系泊缆、锚链、管节点、立管等构件组成的系泊系统或结构框架,未来可根据所监测数据的特征选择相应的数据预测模型,以保证数据恢复的准确性。

# 第 4 章

## 监测系统的故障诊断方法

## 4.1 引言

第 3 章提出的方法保证了某传感器失去监测功能时数据采集的完整度。在此基础上,需要记录元件真实的故障时刻、工作寿命等可靠性参数。因此,本章将研究可靠的监测系统的故障诊断方法。

在监测过程中,工作人员可以通过可靠的故障诊断,明确构件失效或传感器的失效状态,对出现故障的构件进行检修、维护,对危险的构件采取应急措施;对不构成威胁的、仍足够可靠的系统集中维护、继续监视,以降低误停与过度检修的概率,大大降低维护成本。

本章将提出一套方法,针对相关性较强的多构件海洋结构物系统,解决系统的两个问题:当监测界面显示无数据传输时,如何区分构件损伤与传感器失效;如何利用多传感器数据的融合,尽早检测出失效构件、退化构件。

## 4.2 监测系统的故障诊断方法

对于多频道之间监测数据存在相关性的系统,可以利用相关性进行单一频道无数据情况下的故障诊断工作。通过不同频道信号的相关性分析,当监测信号消失或异常时,结合虚拟传感器来判断传感器及零件的状态。故障诊断的过程如图 4.1 所示,对于海洋结构物来说,由于流体力学理论、系泊缆非线性响应、环境载荷效应的耦合复杂性,基于物理模型的诊断十分困难,因此采用基于监测信号的诊断方法。

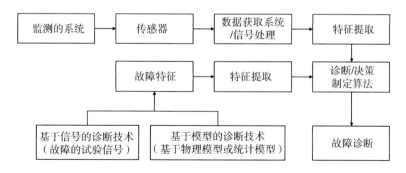

**图 4.1　故障诊断的流程**

## 4.2.1　故障特征提取方法

考虑时序的传感器信号测量值 $\{s_{1t}\}, \{s_{2t}\}, \cdots, \{s_{Mt}\}$，多变量时间序列可以表示为 $(M \times 1)$ 阶向量时间序列 $\{S_t\}$，其中第 $i$ 行是 $\{S_{it}\}$。在运行过程中，可能发生不同的异常情况。第一种情况是，$\{S_t\}$ 的某些行序列会在某时间点丢失，这是由于传感器或元件的失效；第二种情况是，某一行或几行序列超出了正常阈值范围。为了根据数据表现出的特征来推测元件及系统的健康状态，需要利用数据分析技术对原始的平稳信号进行处理，以识别出相应故障模式的特征[37]。

在现场的故障、退化检测方面，实时提取故障特征是一项重要的技术。图 4.2 给出了故障特征信号提取的流程。海洋工程结构物的监测数据可在时域和频域内进行分析。与时域分析相比，频域分析的结果更能显示数据的本质特征。其中，傅立叶分析法可揭示频率分量和相应的振幅和频率，但是不能体现时域内的频率特征[106]。小波分析法可以实现不同尺度和子带的目标特征提取，同时显示出在频率和时间两个维度的特征，是一种有效的特征提取方法，可以找出瞬变的来源，相关理论可作为分析相关构件监测数据以诊断传感器或元件故障的理论基础，在实际电力、机械等系统中都有应用的实例[107]。例如，Lin 和 Qu[108]提出了基于小波分析的去噪方法，提取机械振动信号中的失效因子。Rodriguez 等[109]用小波奇异值结合极限学习机对 10 种不同的轴承故障类型进行了分类。

海洋结构物的响应数据受到各种因素的影响，响应结果呈现多频率耦合的复杂波形式。响应源数据的趋势变化并不容易通过监测数据直接体现，利用小波分解重构法可以提取出源数据的趋势因素。在相关联多信号的监测

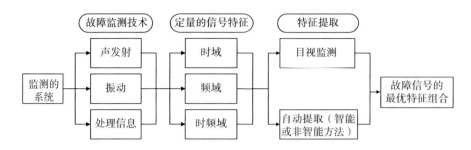

**图 4.2  故障特征信号提取的流程**

系统中,小波分析方法可对传感器监测数据进行处理,从而给出多信号的趋势,利用第 3 章所提到的虚拟传感器并结合实际经验,当监测系统受到干扰时,可对传感器或元件的健康状态进行判定。基于小波法的故障诊断方法,相比于支持向量机等基于模型的方法,无须先验知识,时效性强。

小波信号处理的实质是子带分解与编码。信号的某级分解过程是,将信号通过两个过滤器——高通与低通过滤器。低通滤波的输出结果为近似系数,记作 $A$,高通滤波的结果为细节系数,记作 $D$,如图 4.3 所示。一个原始信号可以通过多个高通、低通滤波器,转化为高频信号——细节系数和低频信号——近似系数,再以同样的方式对近似系数继续分解。整个分解的过程可以表示为

$$a_j = a_{j+1} + d_{j+1} \tag{4-1}$$

可以将此过程理解为原始信号高频部分被逐级过滤,留下趋势项——低频部分。

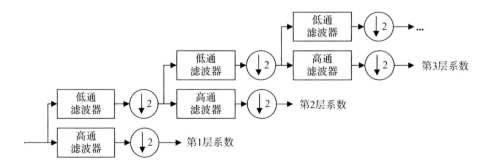

**图 4.3  利用高通、低通滤波器的多级小波分解的原理**

传统的小波分解和重构方法是 Mallat 算法。在时间尺度上拉伸和平移二维方程：

$$\emptyset(2^{-j}t - k) = \sum_n h(n)\emptyset(2^{-j+1}t - 2k - n) \qquad (4\text{-}2)$$

令 $m = 2k + n$，则有

$$\emptyset(2^{-j}t - k) = \sum_m h(m - 2k)\emptyset(2^{-j+1}t - m) \qquad (4\text{-}3)$$

基于多分辨分析，定义 $V_{j-1}$ 为

$$V_{j-1} = \overline{span\{2^{\frac{-j+1}{2}}\emptyset(2^{-j}t - k)\}} \qquad (4\text{-}4)$$

对于随机 $f(t) = V_{j-1}$ ，可以用空间 $V_{j-1}$ 表示，

$$f(t) = \sum_k a_{j-1,k} \, 2^{\frac{-j+1}{2}}\emptyset(2^{-j}t - k) \qquad (4\text{-}5)$$

$f(t)$ 被分解为

$$f(t) = \sum_k a_{j-1,k} \, 2^{\frac{-j+1}{2}}\emptyset(2^{-j}t - k) + \sum_k d_{j,k} \, 2^{\frac{j}{2}}\Psi(2^{-j}t - k) \qquad (4\text{-}6)$$

这里的 $a_{j,k}$ 和 $d_{j,k}$ 表示第 $j$ 级的系数，且

$$a_{j,k} = \langle f(t), \emptyset_{j,k}(t) \rangle = \int_{-\infty}^{+\infty} f(t) \, 2^{\frac{j}{2}} \, \overline{\emptyset(2^{-j}t - k)} \mathrm{d}t \qquad (4\text{-}7)$$

$$d_{j,k} = \langle f(t), \Psi_{j,k}(t) \rangle = \int_{-\infty}^{+\infty} f(t) \, 2^{\frac{j}{2}} \, \overline{\Psi(2^{-j}t - k)} \mathrm{d}t \qquad (4\text{-}8)$$

其中，$a_{j,k}$ 是近似系数；$d_{j,k}$ 是细节系数。所以

$$a_{j,k} = \sum_m h(m - 2k) \, a_{j-1,m} \qquad (4\text{-}9)$$

$$d_{j,k} = \sum_m g(m - 2k) \, a_{j-1,m} \qquad (4\text{-}10)$$

通过近似系数 $a_{j-1,m}$ 和滤波器系数 $h(n)$ 和 $g(n)$ 的加权和可以得出方程式 $a_{j,k}$ 和 $d_{j,k}$ 。这样，$a_{j,k}$ 可以被分解为 $a_{j+1,k}$ 和 $d_{j+1,k}$ 。然后，$a_{j+1,k}$ 可以被继续分解，直到第 $j$ 级。反过来，小波重建可以通过下式得到：

$$a_{j-1,k} = \sum_k a_{j-1}h(m - 2k) + \sum_k d_{j,k}h(m - 2k) \qquad (4\text{-}11)$$

可令 $a_{j,k}$ 和 $d_{j,k}$ 系数通过小波族的重建滤波器来完美地重建信号。在适当的层级上,对高频信号 $d_{j,k}$ 进行滤波,余下的序列 $a_{j,k}$ 将呈现明显的趋势变化信息。

小波基函数的选择将影响特征值的故障诊断效果。选择时要考虑以下基本特性:正交性,可使得计算过程容易进行,有利于实际工程操作;对称性,可保证数据不失真;近似性,可获取更多的原始信号信息;紧支撑,可保证高质量的细节体现;平滑性,通过控制分辨率保证信号连续且不失真。然而,这些特性难以全部满足,比如说,紧支撑与平滑性难以同时满足,正交的紧支撑与对称性也不能同时满足[106]。不同案例对小波基特性的需求不同,选择时可以进行合理取舍。

常见的小波类型有很多种。经典小波,在 MATLAB 中也被称作"原始小波",具体包括 Haar 小波、Morlet 小波、Mexican hat 小波、Gaussian 小波。此外,db 小波,是 Daubecheis 构造的正交小波;Biorthogonal 小波,是双正交小波;双正交滤波器组,简称 biorNr. Nd,其中 Nr 是低通重建滤波器的阶次,Nd 是低通分解滤波器的阶次,这类小波不是正交的,但是是双正交的、紧支撑、对称的,因此具有线性相位。

这里具体介绍 db$N$ 小波,其中 $N$ 代表 db 小波的阶次。当 $N=1$ 时,即为 Haar 小波。db 小波是正交小波,也是双正交小波,紧支撑但非对称。db$N$ 小波的平滑性较好,随着消失矩的增大,频域中细节显示的效果变好,但也会使时域紧支撑性减弱[106,110]。

本书选择监测数据在第 $j$ 级 db 小波分解重构得到的重构信号作为特征值,当监测系统受到干扰时,取特征值正常运行相应环境工况下的阈值与实际工况特征值相比,利用第 3 章提出的虚拟传感器,进行多信号信息融合的故障诊断。在研究中发现,基于小波分解与重构的故障诊断存在两个问题:

(1) 如何使监测信号的特征值与正常状态下的特征值具有可比性。某环境下的阈值是通过长期监测正常系统在此环境下的数据而获得的。采用小波分析法,应利用同样的小波基获取此阈值与故障信号的阈值,并分解重构到同一层。然而,故障发生时的原信号频率成分将发生改变,导致正常和故障信号的本质频率组成成分不同且频率的带宽范围也不同。在此情况下,即使采用的小波基和分解层数都相同,但由于信号的频率原始带宽不同,因此重建的信号将处于不同的频率范围。在此种情况下,对两信号的特征值进行对比是无法诊断故障的。

（2）故障特征可能隐藏在由许多因素引起的复杂波动中。元件原始信号的重构信号受到变化的环境和部件复杂运行特性的影响，波动较大。环境的变化和元件响应的波动致使信噪比较大，故障特征极易被交变的波动所覆盖，通过特征值瞬态的突变来诊断故障是不可行的。应首先确定阈值，并且此阈值能够随着环境的变化而变化。

## 4.2.2　频率集中小波分析法

针对上文提到的第一个问题，提出一种频率集中小波（Frequency-Centered Wavelet Analysis，FCWA）分析方法，即利用小波分解重构理论对所研究的数据进行预处理，以保证监测的数据和正常状态数据的特征值具有可比较性。

根据小波分解理论，每一层的分解都是将信号的频率带宽范围平均划分。因此，当原信号分解重构到第 $j$ 级，带宽则变为原始信号频率带宽范围的最小的 $1/2^j$ 频率带宽，获得了信号的特征值。由图 4.4 可知，第 $j$ 级的重构信号的频率范围由总原始信号的频率范围和分解层数确定。此外，重构信号的幅值范围也与小波类型相关。

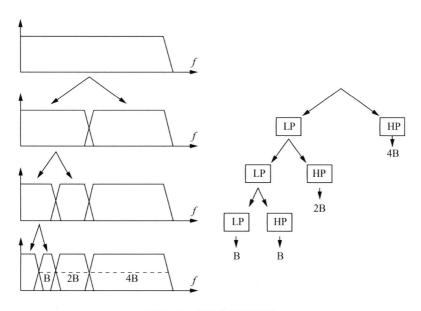

**图 4.4　小波分解图原理**

因此，在采用相同小波基的基础上，控制原信号的整个频率范围可以确保重构信号的频率范围恒定。频率集中小波法的流程是:首先,将用于获取阈值的正常状态原信号通过限定的低通和/或高通滤波器进行预处理;然后,对待诊断监测数据进行相同的滤波过程,设置相同的滤波频率界限,并使用相同的小波基将其分解成相同的等级,这样两组数据便是可比拟的。

### 4.2.3 动态阈值建立

针对 4.2.2 节所述的第二个问题,可以通过对所研究的重建信号设置不同环境下的实时动态阈值的方法来解决。结合动态阈值的故障诊断对海洋环境的变化具有自适应性,有利于准确地评估元件及系统的健康状态,降低误判率、虚警率。

针对阈值的相关研究如下。Wang 等[111]提出利用频谱增长指数(FSGI)作为机器健康状况的定量特征,基于 FSGI 建立半动态门限准则,实现早期故障检测。Fereidoon 等人使用小波 Radon 变换(WR)和动态神经网络(DNN)阈值选择进行了有效的路面裂缝诊断[112]。Helsen 等[113]建立了时变温度阈值进行预警和报警,提供了早期的异常警告和接近实际的设备健康状态预测。前两种方法是针对具体情况提出的适应对策,并不适用于海洋结构物。最后一种方法采用真实的现场数据来分析风电设备的故障,其运行过程是固定的,无法用于处于变化环境的系统。

本章提出的故障诊断法基于的假设是:所研究构件的外界环境工况是缓变的,并且采集数据频率相对较高,使得故障诊断结果更可靠。设定阈值需要以大量数据为基础,获取数据的一种途径是采集和分析历史数据,但是由于海上数据不足及数据库难以获取等原因,这些数据通常无法满足阈值确定的需求;另一种途径是基于理论推导方法得到物理模型,然而海洋结构物会受到不稳定环境、缆索的非线性特性和多体浮体耦合水动力相互作用的影响,因此试图通过水动力学理论来预测响应数据的重构信号以进行阈值确定是非常复杂的,难以应用于实际。

当系统的工况非常多时,可采用数值模拟获取不同工况下的响应数据,然而基于这些数据推导阈值将消耗过多的计算时间与成本,这是不切实际的。鉴于此种情况,利用人工智能方法,使用数值模拟数据样本建立模型,预测其他环境工况的数据。人工神经网络(Artificial Neural Network,ANN)是建立包括多输入和多输出模型的一种有效方法,可以得到传统方法无法建立的数学模型。因此,本书应用 ANN 来预测环境变量与阈值间的联系。

目前,人工神经网络主要使用 M - P 模型。$X = (X_1, X_2, \cdots, X_n)$ 指 $n$ 个输入值,是从网络外部的神经元输出或从其他层获得的。$W = (W_1, W_2, \cdots, W_n)$ 表示权重,即神经元与最后一级神经元之间的关系系数。$\sum W_n X$ 为激活值,即最后一层人工神经元输入的加权和,$O$ 代表神经元的输出,$\theta$ 表示神经元的阈值。人工神经元在接收到的输入和大于 $\theta$ 时,将被激活[118]。因此,人工神经元的输出可以表示为

$$O = f(\sum W_n X - \theta) \tag{4-12}$$

$f(\cdot)$ 是激活函数,是神经元输入和输出之间的传递函数。阈值 $\theta$ 根据收到的输入不同而变化。

人工神经网络有 3 层:输入层、隐层和输出层。隐层的神经节点和层数不能用任何有效的方法进行预测。这与 ANN 的输出数量和性能要求有关。每层的层数和节点数由软件中的调谐函数依据反复试验的原理确定。

学习过程有前向传播和后向传播。反向传播(BP)算法是最常用的 ANN 学习技术。BP 训练过程的主要目的是调整 ANN 的 $W_n$ 及 $\theta$,期望获得各种输入下的期望输出。传播过程的目的是逐层降低传输偏置,调整神经元之间的连接权重,使网络输出达到设计要求。正向传播对输入进行处理得到最终模型[119]。BP 算法的步骤如下:

(1) 所有的网络权重都被初始化为小的随机数。

(2) 对所有的数据使用极差法进行标准化:

$$x' = \frac{x_i - x_{\min}}{x_{\max} - x_{\min}} \tag{4-13}$$

其中,$x_i$ 是数据值;$[x_{\min}, x_{\max}]$ 是 $x_i$ 的取值范围。

(3) 训练数据作为输入接收,每个单元的输出用下面被称为 Sigmoid 函数的方程计算:

$$o = \sigma(\vec{w} \cdot \vec{x}), \sigma(y) = \frac{1}{1 + e^{-y}} \tag{4-14}$$

其中,$\vec{w}$ 是单位权值的向量;$\vec{x}$ 是网络输入值的向量。

(4) 然后进行误差计算。BP 算法的工作原理如下:计算每个网络输出单元的误差信号($\delta$),将其作为输入传播到网络中的所有神经元。

（5）使用以下等式为每个网络输出单元 $k$ 计算误差项 $\delta_k$：

$$\delta_k \leftarrow o_k(1-o_k)(t_k-o_k) \qquad (4-15)$$

其中，$o_k$ 表示输出单元 $k$ 的网络输出，并表示输出单元 $k$ 的期望输出。

（6）对每个隐藏单元 $h$ 计算误差项 $\delta_h$，如下所示：

$$\delta_h \leftarrow o_h(1-o_h)\sum_{k\in outputs}w_{kh}\delta_k \qquad (4-16)$$

其中，$w_{kh}$ 表示从隐藏单元 $h$ 到输出单元 $k$ 的网络权重。对每个网络进行权重更新：

$$w_{ji} \leftarrow w_{ji} + \Delta w_{ji} \text{ where} \Delta w_{ji} = \eta\delta_j x_{ji} \qquad (4-17)$$

其中，$\eta$ 是学习率；$x_{ji}$ 表示从单元 $i$ 到单元 $j$ 的输入。

BP 网络模型一般采用最速下降法，通过反向传播调整 ANN 的 $W_n$ 及 $\theta$，以逐渐提高 ANN 模型的精度。根据预测值的总偏差不断调整权值、阈值，修正之后继续 BP 模型训练，直到得到满足要求的模型。某三层 BP 模型的人工神经网络如图 4.5 所示。BP 训练学习过程如图 4.6 所示。

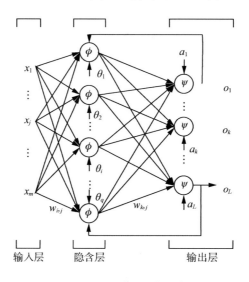

**图 4.5 BP 神经网络结构**

## 4.2.4 故障诊断方法流程

将上述方法、理论进行整合，可以对多信号监测系统的传感器和设备的

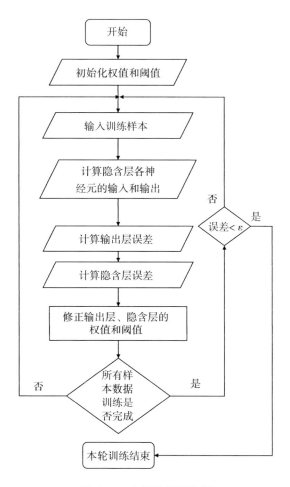

**图 4.6　BP 网络训练流程**

状态进行监测、诊断和决策。下面对此方法的理论、思想、流程进行详细阐释。

总之,故障检测方法的总体过程如图 4.7 所示。

(1) 在不同的环境下使用 FCWA 方法预处理正常状态下的监测数据。

(2) 通过小波分析对数据进行分解和重构得到特征值。

(3) 将设备正常运行状态下求解阈值的过程在不同环境中重复很多次,得到环境参数对应的阈值样本,然后基于人工神经网络推测其他环境下的阈值。从而得到多个典型环境下的动态阈值。

(4) 对现场数据进行相同的预处理,以在相同的层级上使用相同的小波基得到特征值。

(5) 将信号与相应的阈值进行比较,并考虑不同设备之间的相关性来识别系统的健康状态。

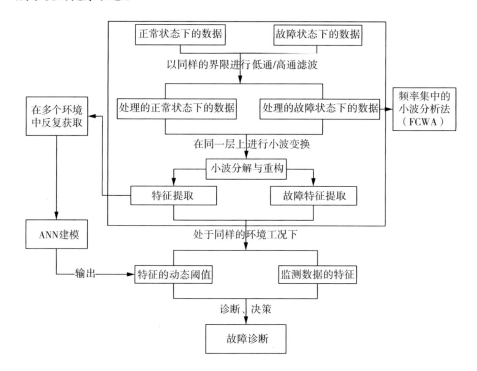

**图 4.7 本书提出的故障诊断的总体流程**

## 4.3 FPSO 旁靠系缆的故障诊断

根据对已发生的外输事故的统计可知,外输事故产生的原因包括定位系统故障、环境急剧变化、程序失误等,但是导致外输作业发生碰撞的直接原因是缆绳的破断[120,121]。而且,由一根缆绳的断裂引发其他缆绳级联断裂的案例也有很多,这种情况更加危险,将直接导致严重碰撞。碰撞有可能导致船体结构损伤、失稳、漏油等,会对经济效益与环境产生不可逆的风险。实际的监测系统在设置的受力值超过阈值或者变为没有数据等异常状态时,传递信号给控制中心,激活警报。当发生警报时,需要采取措施进行人为干涉,实施补救措施。

当没有监测数据显示时,缆绳状态不可知,系统安全不可控制,而且无法确认是缆绳破断还是传感器失效[122]。在某些情况下,操作人员无法对传感器进行检查、维修、更换,也无法准确判断缆绳是否破损。根据资料显示,船员因断了缆绳的反弹受伤甚至死亡的案例有很多[123]。因此,当传感器没有数据输出时,必须要及时掌握其监测的缆绳状态。

如果是缆绳失效,则整个外输油系泊系统的可靠性降低,需要对其采取合理的补救措施或者停止输油。如果只是传感器失效,则虚拟传感器作为已失效传感器对应构件的虚拟监测器,继续关注其状态,保证运行安全。这样,在构件良好的情况下不必进行干预,无须中断输油过程,将减少不必要的经济效益损失。

此外,除了用于区分是传感器失效还是构件失效,此方法还可以用来识别缆绳的刚度退化。尼龙缆绳通常由若干股构成,经过长期的折弯、交变受力、相互摩擦、油污/水汽等物质的腐蚀,有可能发生部分股的破断。在输油过程中,这种状况不易被检测出来,在断股数较少的情况下更容易被忽略。但是随着缆绳的继续使用,断股数的增多最终会导致整个缆绳的破断。因此缆绳断股为高危因素,是输油作业中的重大隐患,如果能通过实时监测诊断出断股现象,将对提高输油作业的可靠性有重要意义。

为了阐释可恢复的故障诊断方法,本章仍采用第 3 章中 FPSO 旁靠输油系泊系统的完整工况参数为例,对缆绳完整状态下的系泊系统进行数值模拟以仿真现场监测数据,其虚拟传感器子集仍可以在此章中应用。缆绳参数、环境工况与第 3 章的例子一致,10 根缆绳受力一致。下面将具体阐释如何用本书方法来提高监测系统的可恢复故障诊断能力。

## 4.3.1　缆绳断裂的故障诊断

对旁靠输油系泊缆绳进行数值模拟,设置 8 号缆绳(L8)在 16 800 s 时断裂,此断裂过程是由在数值模拟计算开始前提前设置 dat 文件完成。因此,与之相关缆绳上的张力关系发生了变化,正相关缆绳上的张力增大,负相关缆绳上的张力减小。虚拟传感器组显示,与 L8 强相关的是 L7,所以首先对 L7 进行特征研究。

FCWA 方法被用来获取缆绳受力响应值的特征值。旨在利用此方法提取信号的故障特征,希望增强趋势的显示,并去除噪声,选择与原数据具有类似形状的小波基。由于 db3 小波具有正交、紧支撑等特点,以及与所研究信号的相似性,故采用 db3 小波(三阶 db 小波)。

首先,确定单根缆绳故障特征和阈值。得到该环境下的 L7 小波重构信号阈值的过程如下所示。

（1）信号获取

首先，在该工况下进行较长时间的数值模拟，模拟时间为 32 400 s(9 h)，以保证数据具有随机、遍历性，以遍历几乎所有特征的波峰和波谷。将前 4 000 s(通常长于 2 000 s)的数据去除，因为这段在数值仿真中是不稳定的。得到 L7 的时历受力信号数据，如图 4.8 所示。从图中可以看出，缆绳张力的最大值在 4 000 kN 左右，大部分的值都在 1 500 kN 以下。整体趋势相对稳定，可以用于故障诊断阈值的设定。

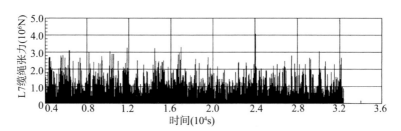

**图 4.8 系统正常状态下长期数值模拟的 L7 受力结果**

（2）预处理——低通滤波

如前文所述，应该将信号频率控制在固定的频率范围内，这里基于 FC-WA 法对数据进行低通滤波，获得可与故障信号比拟的特征值。图 4.9 显示了 L7 的时间序列数据的功率谱密度。根据频率成分分析，整个频率范围约为 0～0.19 rad/s。主要频率成分集中在频率小于 0.7 rad/s 的频率区域内，高频的能量不显著。

综上所述，求解信号的阈值，应选择能量集中的频率宽带范围，所以，此例中的低通限值选为 0.39 rad/s。另外，当 L8 发生断裂时，频率组成最明显的变化发生在 0～0.4 rad/s 的范围内，其中峰值增大了约 1.67 倍。

图 4.10 所示为 L7 信号基于 FCWA 处理得到的信号。由图可见，滤波后的结果出现了负值，幅值在工程实际中没有意义，所以将所有负值改为 0。滤波后的值大多在 800 kN 以下，其平均值与原信号相比减小了很多。

（3）小波分解与重构

使用小波 db3 将预处理的数据分解到第 7 层。选择第 7 层是由于该层的近似信号 $a_7$ 波动较小，显示出明显的趋势。第 7 层信号的小波全分解如图 4.11所示。原始信号可以分解为 $s=a_7+d_7+d_6+d_5+\cdots+d_2+d_1$。

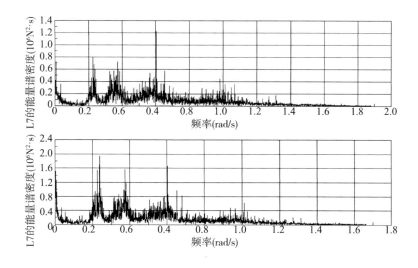

**图 4.9　系统正常状态下和 L8 断裂状态下的 L7 能量谱密度图**

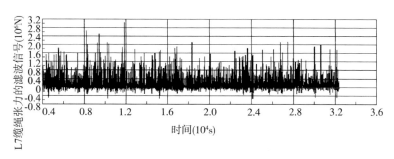

**图 4.10　L7 在最大频率 0.39 rad/s 下的低通滤波结果**

　　通过去除异常值,得到 L7 的 $a_7$ 信号的最大值与最小值,由此即定义了在此工况下 L7 的阈值范围,这里另定义一个平均值,为最大值与最小值的平均值。

　　(4) 故障诊断——传感器故障与缆绳故障的区分

　　基于上述阈值,在 L8 断裂的情况下,同理计算 L7 监测受力信号的同一级特征值,然后通过判别特征值是否超过上限来确定是否有异常情况发生。图 4.12 给出了在 L8 破断的情况下 L7 的原始信号和特征值。如图 4.12 所示,在 L7 的原时间序列中,16 800 s 以后的张力值产生一定幅度的提升,但是并不十分明显。从特征值信号可以看出,其越过上限的时间点为 16 779 s,证明 L8 的断裂导致了正相关的 L7 将承受更大的张力。然而实际断裂时间点为 16 800 s,检测时间比实际破断时间提前了 21 s,这是因为相关缆绳受力信号之间存在着延迟相关性。这样的提前预警可以提醒工作人员提前开展事故防御工作,降低严重事故的风险。

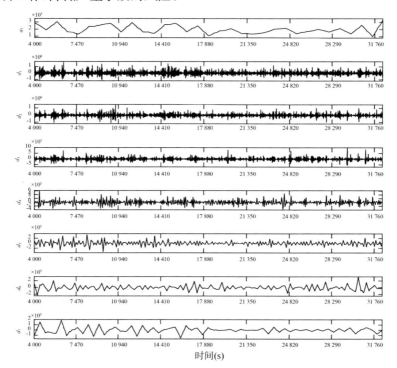

**图 4.11 L8 断裂时 L7 在第 7 层的小波全分解**

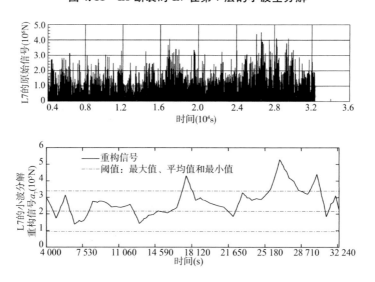

**图 4.12 L8 断裂时 L7 的原始信号和重构信号**

在相同的环境条件下,当 L8 断裂时,L5 和 L6 的小波重构信号 $a_7$ 如图 4.13 和图 4.14 所示。由于 L5 和 L6 与 L8 也存在较强的正相关性且具有类似的结果,同时可以观察到两者的 $a_7$ 均有明显的增大,在 16 362 s 附近超过它们相应的上限。此监测点较实际断裂时间提前了 438 s(7.3 min)。尽管信号增大幅度小于 L7,但说明 L5 和 L6 也可用于检测 L8 的断裂,而且提供的可实施紧急措施的预警时间比 L7 要长得多。综合结果,L5、L6、L7 均可作为 L8 的虚拟传感器组,用以评估健康状况并做出适当的预防反应措施。

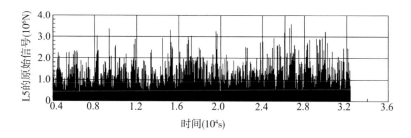

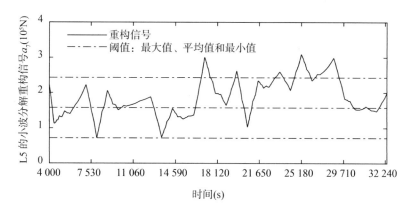

**图 4.13　L8 断裂时 L5 的原始信号和重构信号**

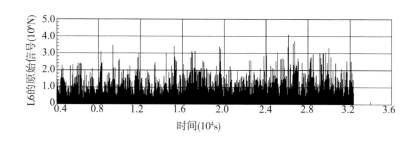

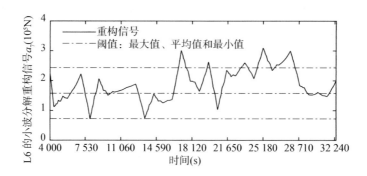

**图 4.14   L8 断裂时 L6 的原始信号和重构信号**

显然,当环境不改变时,L8 保持正常运行,当 L8 的传感器发生故障时,L5、L6、L7 的重构信号将不会发生突变,三者的 $a_7$ 将会处于其相应的阈值范围之内。换言之,利用所提出的基于 FCWA 的故障诊断方法,选择合适的虚拟传感器,可以很容易地区分出传感器故障和缆绳故障,也证明了此时的监测系统具备了抗干扰的故障诊断功能。

对以上算例的研究验证了可靠的监测系统的故障诊断方法对于提取相关设备的失效特征是十分有效的。当某根缆绳断裂时,其虚拟传感器子集的重构信号将超出阈值,所有正相关缆绳信号将超过相应上限,所有负相关缆绳信号将超过相应下限。这样,传感器数据无输出的根本原因是构件损伤还是传感器失效可以在短时间内被判别出来。对于其他缆绳,已证明此方法同样可行且有效。如果发现信号超过阈值,这便增加了人员的反应时间,可以立即控制输油作业,并对断裂缆绳进行处理或直接停止输油作业。故障诊断出的时刻相比于真实故障的时刻提前或是延迟的长短,会因为虚拟传感器选择的不同而不同,为了实现可靠的故障诊断,可通过试验方法或参考资料、历史经验来权衡灵敏度和准确度。

## 4.3.2   建立动态阈值

考虑到环境的影响,海洋环境恶化时各缆绳张力将同步上升。为了提高故障诊断的准确性,有必要在不同的环境下实时建立动态阈值。要想获得环境参数与阈值输出的数学模型非常困难。一方面,水动力学理论表明了该模型的复杂性。受到两浮体往复运动和 10 根缆绳拉力的影响,缆绳张力不规则地波动。从理论上推导环境参数与特征值阈值之间的关系式是十分复杂的,

影响该关系式的因素包括多浮体在流体中耦合运动的复杂性、船舶的非线性
响应及环境的不稳定性。另一方面,输出和输入参数有很多。海洋工程结构
物同时受到波浪、流和风载荷的影响,并且每个环境成分不只有一个参数,输
入总数较多,环境条件组合无数,无法一一列举并分析。

然而,特征值与环境参数之间必然存在一定的关系。对于这类问题,
ANN 是推导多输入多输出关系的有效方法。在本例中,根据数值仿真结果
获得足够的样本,然后通过分析输入和输出之间的关系,建立 ANN 模型,用
以估计不同环境组合的阈值结果。

下面以 L7 为例,阐明如何获得 FPSO 旁靠系泊缆绳的动态阈值。

(1) 定义输入/输出参数

定义环境参数是输入,定义特征值阈值(最大值,平均值和最小值)是输
出。计算不同环境参数下的相应阈值,以获取输入/输出数据样本。考虑特
定FPSO输油系统的作业海域,根据 API 规范选择典型的海况[104]。选取 FP-
SO 作业中最恶劣与最温和的海况,可以借鉴当地海域历史统计资料。选择
影响阈值因素的 4 个重要参数:$h$(有义波高)、$wf$(谱峰频率)、$c$(水表面流
速)、$w$(水面以上 10 m 处的平均风速)。

首先根据式(4-13)进行数据的标准化,选取输入/输出值的取值范围
$[x_{min}, x_{max}]$。本研究中,根据中国海域条件,环境参数的取值范围如表
4.1 所示。关于小波重构系数的输出阈值,只取最大值和平均值进行研究,因
为最小值可以由最大值和平均值推导得到。为了使输出的值在取值范围以
内,最大阈值的范围取为比最恶劣的环境条件下的数值模拟输出的受力结果
更大的值,并将最小阈值的下限定义为零。

表 4.1 输入/输出参数的取值范围

| 输入输出参数 | 取值范围 |
| --- | --- |
| $h$(m) | 1.0~2.5 |
| $wf$(rad/s) | 0.418~1.040 |
| $c$(m/s) | 0.2~1.3 |
| $w$(m/s) | 12~20 |
| 系缆力平均值(kN) | 0~500 |
| 系缆力最大值(kN) | 0~500 |

根据缆绳 L7 在某一环境工况下的数值仿真的受力时间序列结果,计算

其相应的阈值。并在不同环境下，重复上述阈值计算的过程。

首先通过数值模拟得到 46 个环境下的样本集，其中 80% 的样本用于训练 ANN 模型，包含 37 个训练样本（如表 4.2 所示），其余 20% 的样本用于验证网络训练结果是否正确，如表 4.3 所示的 9 个测试样本。

（2）数据标准化

所有的输入和输出应采用极差法标准化为 $[0,1]$ 区间内的值。标准化的训练样本和测试样本如表 4.4 和表 4.5 所示。

**表 4.2　ANN 训练原样本**

| 工况编号 | $h(m)$ | $wf(rad/s)$ | $c(m/s)$ | $w(m/s)$ | 平均值 | 最大值 |
|---|---|---|---|---|---|---|
| 26 | 1.50 | 1.04 | 0.20 | 18.00 | 75 414.00 | 107 577.00 |
| 27 | 1.50 | 1.04 | 0.50 | 18.00 | 80 858.00 | 123 071.00 |
| 28 | 1.50 | 1.04 | 0.80 | 18.00 | 84 554.00 | 119 387.00 |
| 29 | 1.50 | 1.04 | 1.10 | 18.00 | 81 287.00 | 120 362.00 |
| 30 | 1.50 | 1.04 | 1.20 | 18.00 | 82 586.00 | 121 787.00 |
| 31 | 1.50 | 1.04 | 1.30 | 18.00 | 94 427.00 | 129 589.00 |
| 32 | 1.00 | 0.80 | 0.60 | 18.00 | 31 501.00 | 45 907.00 |
| 33 | 1.25 | 0.80 | 0.60 | 18.00 | 46 318.96 | 69 291.76 |
| 34 | 1.50 | 0.80 | 0.60 | 18.00 | 64 698.00 | 94 344.00 |
| 35 | 1.75 | 0.80 | 0.60 | 18.00 | 88 858.53 | 133 131.41 |
| 36 | 2.00 | 0.80 | 0.60 | 18.00 | 162 968.13 | 276 853.59 |
| 37 | 2.25 | 0.80 | 0.60 | 18.00 | 180 008.21 | 333 609.56 |
| 38 | 2.50 | 0.80 | 0.60 | 18.00 | 212 649.00 | 327 895.00 |
| 47 | 1.10 | 0.80 | 0.60 | 18.00 | 39 208.16 | 60 021.13 |
| 48 | 1.60 | 0.80 | 0.60 | 18.00 | 67 642.97 | 107 830.53 |
| 49 | 2.10 | 0.80 | 0.60 | 18.00 | 130 414.51 | 226 502.48 |
| 50 | 2.40 | 0.80 | 0.60 | 18.00 | 180 882.64 | 281 370.96 |
| 39 | 1.00 | 0.42 | 0.20 | 12.00 | 149 881.96 | 215 538.61 |
| 40 | 1.00 | 0.46 | 0.20 | 12.00 | 158 548.20 | 245 969.20 |
| 41 | 1.00 | 0.55 | 0.20 | 12.00 | 110 962.71 | 196 304.74 |
| 42 | 1.00 | 0.60 | 0.20 | 12.00 | 72 539.30 | 113 977.06 |
| 43 | 1.00 | 0.70 | 0.20 | 12.00 | 47 511.58 | 69 386.29 |
| 44 | 1.00 | 0.80 | 0.20 | 12.00 | 46 444.82 | 77 780.69 |
| 45 | 1.00 | 0.90 | 0.20 | 12.00 | 35 866.98 | 54 708.27 |

续表

| 工况编号 | $h$(m) | $wf$(rad/s) | $c$(m/s) | $w$(m/s) | 平均值 | 最大值 |
|---|---|---|---|---|---|---|
| 46 | 1.00 | 1.04 | 0.20 | 12.00 | 36 638.19 | 55 733.84 |
| 51 | 2.50 | 1.04 | 0.20 | 18.00 | 207 452.00 | 298 120.00 |
| 52 | 2.50 | 1.04 | 0.50 | 18.00 | 256 553.00 | 353 594.00 |
| 53 | 2.50 | 1.04 | 0.80 | 18.00 | 235 894.00 | 333 769.00 |
| 54 | 2.50 | 1.04 | 1.30 | 18.00 | 277 175.00 | 356 194.00 |
| 2 | 1.20 | 0.57 | 0.30 | 19.00 | 114 754.00 | 195 094.00 |
| 4 | 2.50 | 0.90 | 0.80 | 12.00 | 218 024.77 | 309 416.00 |
| 6 | 1.50 | 0.90 | 0.20 | 18.00 | 65 931.00 | 121 174.00 |
| 11 | 1.30 | 0.50 | 0.40 | 16.00 | 169 372.23 | 261 363.88 |
| 12 | 1.40 | 0.60 | 0.50 | 13.00 | 115 096.68 | 186 092.85 |
| 21 | 2.25 | 0.95 | 0.55 | 18.50 | 171 108.72 | 252 899.43 |
| 22 | 2.30 | 0.47 | 0.65 | 15.50 | 299 945.69 | 436 212.86 |
| 24 | 1.25 | 0.43 | 0.35 | 14.80 | 187 311.60 | 300 922.30 |

表 4.3　ANN 测试样本

| 工况编号 | $h$(m) | $wf$(rad/s) | $c$(m/s) | $w$(m/s) | 平均值 | 最大值 |
|---|---|---|---|---|---|---|
| 3 | 1.80 | 0.418 | 0.90 | 20.0 | 246 456 | 365 123 |
| 8 | 1.50 | 0.897 | 1.30 | 18.0 | 80 656 | 120 444 |
| 10 | 2.50 | 1.040 | 1.30 | 20.0 | 250 599 | 323 207 |
| 13 | 1.70 | 0.900 | 0.60 | 20.0 | 101 165 | 163 732 |
| 14 | 2.40 | 1.000 | 0.70 | 14.0 | 220 144 | 286 395 |
| 15 | 2.10 | 0.850 | 0.80 | 19.0 | 140 000 | 205 000 |
| 17 | 1.10 | 0.700 | 0.30 | 14.0 | 48 500 | 83 000 |
| 18 | 1.60 | 0.600 | 0.25 | 17.5 | 162 643 | 273 010 |
| 20 | 2.05 | 0.650 | 0.45 | 12.5 | 185 300 | 301 200 |

表 4.4　标准化的测试样本

| 工况编号 | $h$ | $wf$ | $c$ | $w$ | 平均值 | 最大值 |
|---|---|---|---|---|---|---|
| 3 | 0.533 333 | 0 | 0.636 364 | 1 | 0.492 912 | 0.730 246 |
| 8 | 0.333 333 | 0.770 096 | 1 | 0.75 | 0.161 312 | 0.240 888 |
| 10 | 1 | 1 | 0.900 000 | 1 | 0.501 198 | 0.646 413 |
| 13 | 0.466 667 | 0.774 92 | 0.363 636 | 1 | 0.202 329 | 0.327 465 |

续表

| 工况编号 | $h$ | $wf$ | $c$ | $w$ | 平均值 | 最大值 |
|---|---|---|---|---|---|---|
| 14 | 0.933 333 | 0.935 691 | 0.454 545 | 0.25 | 0.440 288 | 0.572 790 |
| 15 | 0.733 333 | 0.694 534 | 0.545 455 | 0.88 | 0.280 000 | 0.410 000 |
| 17 | 0.066 667 | 0.453 376 | 0.090 909 | 0.25 | 0.097 000 | 0.166 000 |
| 18 | 0.400 000 | 0.292 605 | 0.045 455 | 0.69 | 0.325 286 | 0.546 019 |
| 20 | 0.700 000 | 0.372 990 | 0.227 273 | 0.06 | 0.370 600 | 0.602 400 |

表 4.5　标准化的训练样本

| 工况编号 | $h$ | $wf$ | $c$ | $w$ | 平均值 | 最大值 |
|---|---|---|---|---|---|---|
| 26 | 0.333 333 | 1 | 0 | 0.75 | 0.150 828 | 0.215 154 |
| 27 | 0.333 333 | 1 | 0.272 727 | 0.75 | 0.161 716 | 0.246 142 |
| 28 | 0.333 333 | 1 | 0.545 455 | 0.75 | 0.169 108 | 0.238 774 |
| 29 | 0.333 333 | 1 | 0.818 182 | 0.75 | 0.162 574 | 0.240 724 |
| 30 | 0.333 333 | 1 | 0.909 091 | 0.75 | 0.165 172 | 0.243 574 |
| 31 | 0.333 333 | 1 | 1 | 0.75 | 0.188 854 | 0.259 178 |
| 32 | 0 | 0.606 109 | 0.363 636 | 0.75 | 0.063 002 | 0.091 814 |
| 33 | 0.166 667 | 0.606 109 | 0.363 636 | 0.75 | 0.092 638 | 0.138 584 |
| 34 | 0.333 333 | 0.606 109 | 0.363 636 | 0.75 | 0.129 396 | 0.188 688 |
| 35 | 0.500 000 | 0.606 109 | 0.363 636 | 0.75 | 0.177 717 | 0.266 263 |
| 36 | 0.666 667 | 0.606 109 | 0.363 636 | 0.75 | 0.325 936 | 0.553 707 |
| 37 | 0.833 333 | 0.606 109 | 0.363 636 | 0.75 | 0.360 016 | 0.667 219 |
| 38 | 1 | 0.606 109 | 0.363 636 | 0.75 | 0.425 298 | 0.655 79 |
| 39 | 0 | 0 | 0 | 0 | 0.299 764 | 0.431 077 |
| 40 | 0 | 0.067 524 | 0 | 0 | 0.317 096 | 0.491 938 |
| 41 | 0 | 0.212 219 | 0 | 0 | 0.221 925 | 0.392 609 |
| 42 | 0 | 0.292 605 | 0 | 0 | 0.145 079 | 0.227 954 |
| 43 | 0 | 0.453 376 | 0 | 0 | 0.095 023 | 0.138 773 |
| 44 | 0 | 0.614 148 | 0 | 0 | 0.092 89 | 0.155 561 |
| 45 | 0 | 0.770 096 | 0 | 0 | 0.071 734 | 0.109 417 |
| 46 | 0 | 1 | 0 | 0 | 0.073 276 | 0.111 468 |
| 47 | 0.066 667 | 0.606 109 | 0.363 636 | 0.75 | 0.078 416 | 0.120 042 |
| 48 | 0.400 000 | 0.606 109 | 0.363 636 | 0.75 | 0.135 286 | 0.215 661 |

| 工况编号 | $h$ | $wf$ | $c$ | $w$ | 平均值 | 最大值 |
|---|---|---|---|---|---|---|
| 49 | 0.733 333 | 0.606 109 | 0.363 636 | 0.75 | 0.260 829 | 0.453 005 |
| 50 | 0.933 333 | 0.606 109 | 0.363 636 | 0.75 | 0.361 765 | 0.562 742 |
| 51 | 1 | 1 | 0 | 0.75 | 0.414 904 | 0.596 240 |
| 52 | 1 | 1 | 0.272 727 | 0.75 | 0.513 106 | 0.707 188 |
| 53 | 1 | 1 | 0.545 455 | 0.75 | 0.471 788 | 0.667 538 |
| 54 | 1 | 1 | 1 | 0.75 | 0.554 35 | 0.712 388 |
| 22 | 0.866 667 | 0.083 601 | 0.409 091 | 0.44 | 0.599 891 | 0.872 426 |
| 2 | 0.133 333 | 0.244 373 | 0.090 909 | 0.88 | 0.229 508 | 0.390 188 |
| 4 | 1 | 0.770 096 | 0.545 455 | 0 | 0.436 050 | 0.618 832 |
| 6 | 0.333 333 | 0.770 096 | 0 | 0.75 | 0.131 862 | 0.242 348 |
| 11 | 0.200 000 | 0.131 833 | 0.181 818 | 0.50 | 0.338 744 | 0.522 728 |
| 12 | 0.266 667 | 0.292 605 | 0.272 727 | 0.13 | 0.230 193 | 0.372 186 |
| 24 | 0.166 667 | 0.019 293 | 0.136 364 | 0.35 | 0.374 623 | 0.601 845 |
| 21 | 0.833 333 | 0.855 305 | 0.318 182 | 0.81 | 0.342 217 | 0.505 799 |

（3）建立 ANN 模型

首先,获得最优 ANN 模型的隐含层数及其包含的神经元数。将训练误差阈值的合格标准定义为 0.01,最大迭代次数设置为 5E5 次,设置最多有 3 个隐层,并且每层节点数范围如下:第 1 层为 1~6,第 2 层和第 3 层均为 0~10。重复训练过程,通过模型训练和调参,最终选择使均方根误差(RMSE)最小的隐层数目和每层节点数量为最优。此例的结果为:共有 3 层隐层,第 1、2、3 隐含层的最优节点数分别为(6,4,3)。值得注意的是,结果显示环境中风载荷对于预测阈值的影响不明显,所以将风速从样本的输入中移除。训练好的 ANN 模型如图 4.15 所示。采用该最优 ANN 模型,预测测试样本的输出结果,其准确率应满足工程实用的标准。测试样品的预测值和实际模拟值之间的对比结果如图 4.16 所示。

（4）预测给定的其他测试数据组的结果

理论上,利用此 ANN 模型可预测出其他任一在所选环境参数组合范围内的输出,可以得到阈值的最大值、最小值和平均值。根据此 ANN 模型,这里讨论了每个环境工况输入与阈值输出之间的大致相关关系,进行参数的影响分析。

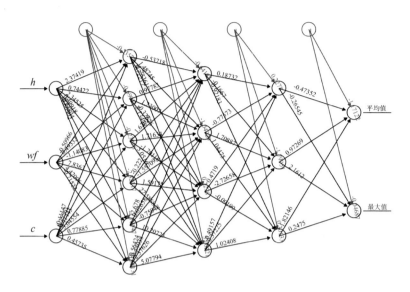

图 4.15　神经网络结果

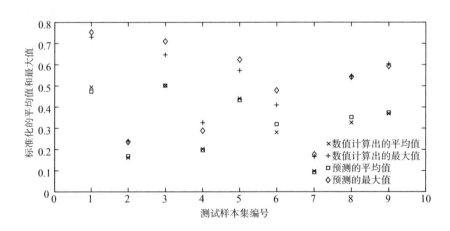

图 4.16　基于 ANN 的预测值与数值模拟结果的对比

如下结果给出了单个环境参数与平均值/最大值之间的关系。表 4.6 选择了用于预测的输入参数,分别给出了某一环境参数的一组从小到大的 11 个输入,并同时变化其余两个参数,共 198 组数据。在图 4.17~图 4.19 中,给出了预测的结果。

表 4.6　用于预测输入/输出关系的输入数据

| $h$ | $wf$ | $c$ |
|---|---|---|
| (0.27,0.66,1) | 1 | (0,0.1,0.2,…,1) |
| 0.33 | (0.2,0.6,1) | (0,0.1,0.2,…,1) |
| (0.2,0.5,0.8) | (0,0.1,0.2,…,1) | 0 |
| 0.6 | (0,0.1,0.2,…,1) | (0.2,0.5,0.8) |
| (0,0.1,0.2,…,1) | (1,0.61,0) | 0.36 |
| (0,0.1,0.2,…,1) | 0.61 | (0,0.27,1) |

如图 4.17 所示,共 6 组数据,每一组标准化的 $c$ 在 0 到 1 之间变化。对于前 3 组,$wf$ 是不变的,3 组有不同的 $h$。对于最后 3 组,将 $h$ 保持为一个定值,改变每组的 $wf$ 值。流速的增大导致最大值和平均值有了接近线性的增大或减小趋势。当 $wf=1$ 时,随着 $h$ 从 0.27 增大到 0.66 再到 1.00,最大值和平均值的差值,即受力响应的幅值也显著增大。当 $wf$ 较小时,受力响应的阈值随 $c$ 的变化而变化的趋势较明显,最大值和平均值随着 $c$ 的增大呈明显的近乎线性降低趋势;当 $wf=0.6$ 时,最大值和平均值基本不随 $c$ 的变化而变化;当 $wf>0.6$ 时,最大值和平均值随 $wf$ 的增大而减小,当 $wf>0.6$,$c$ 从 0 升到 1 时,最大值和平均值增涨幅度约为 0.2,呈缓慢上升的近线性趋势。

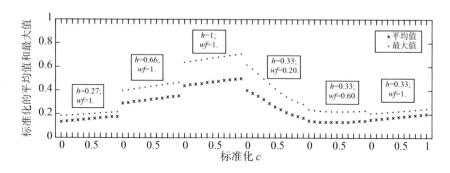

图 4.17　预测阈值随标准化 $c$ 的变化

根据流体力学理论,流载荷是一种相对恒定的力。目前,对系统的影响主要表现在静压力和漂移力方面,由流载荷引起的压力影响并不显著。

如图 4.18 所示,当标准化的 $h$ 从 0 增加到 1 时,对于所有环境条件组合,平均值显示出较陡的近线性增长趋势。相比之下,最大值表现出更陡的非线性上升趋势。所以,两者之间的差值,即响应幅值,也随着 $h$ 的增大显著增大。

$wf$ 越小,幅度的上升速度越快。通过右边 3 组数据可以看出,当 $h$ 和 $wf$ 为常数,$c$ 从 0 到 1 变化时,阈值几乎没有变化。因此,$c$ 是 3 个参数中对阈值影响最弱的参数。

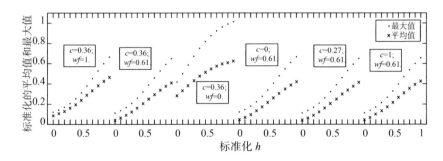

图 4.18　预测阈值随标准化 $h$ 的变化

之所以产生此结果是因为当有义波高增加时,波浪的能量会急剧上升。波浪的动水压力会使得 FPSO 和油轮产生剧烈运动,导致两浮体间缆绳的响应张力急剧上升。

如图 4.19 所示,就波浪的谱峰频率 $wf$ 而言,越小的波频 $wf$ 会造成越大的平均值、最大值和响应幅度,这可能是由于低频率波的波长可以与船舶的尺寸相比拟。长波对船舶和缆绳的响应会产生明显影响。当标准化频率 $wf$ 小于0.4 时,最大值呈现急剧下降的趋势,平均值也有同样的规律,但下降速度小于最大值,因此响应幅度随之逐渐减小。然而,当标准化频率大于 0.4 时,最大值趋于稳定,并且平均值开始缓慢上升,导致了幅度的减小。$h$ 的增大导致了最大值、平均值和幅度的增大。然而,随着 $c$ 的增大,最大值和平均值产生小幅度的减小。

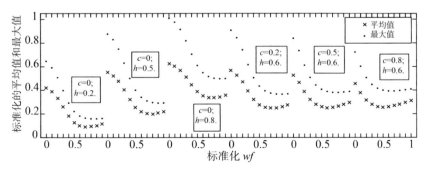

图 4.19　预测阈值随标准化 $wf$ 的变化

综上，谱峰频率和有义波高对于缆绳受力的影响较强，而流的因素影响最弱，证实了用 ANN 模型计算出的参数与阈值的关系是符合理论和实践经验的。对于其他缆绳，也可以通过分析这种关系，结合数据的计算获得动态阈值结果。将随机选择的环境参数作为输入参数，利用所建立的 ANN 模型预测的结果被证明均接近数值模拟得到的结果，其最大误差是 0.09。对于大多数样本来说，结果是可接受的。总体而言，该方法可用于确定故障特征的动态阈值。

### 4.3.3　缆绳退化的故障诊断

Garcia 等[26]提出，根据传感器信息的整合与被监测系统的实际表现，一个具有恢复力的监测系统有能力准确估计系统的运行状态，尤其是在重大决策期间。所以接下来将研究此方法在准确评估系统状态时所表现出来的能力。鉴于 4.3.2 节中的例子，值得一提的是，根据检测到的越界特征值信号可能推断出缆绳的断裂状态，也有可能推断出缆绳的退化情况。本书提出的可恢复故障诊断方法，除了具有前面介绍的断裂故障诊断能力，还具有监测缆绳刚度降级的能力。

在某些情况下，一根尼龙缆绳的子股断裂在输油过程中是很难识别的，尤其是在断股数较少的情况下。美国石油学会（API）宣布，海上平台工程中禁用断股的缆绳[104]。因此，如能实时监测出断股状态，对于系统的安全作业将起到重要作用。

为了保证监测系统具有可靠的故障诊断能力，有必要探索一种信号来预警缆绳系缆的退化。利用数值模拟研究部分股退化的情形，这种退化状态可以通过逐步降低整个缆绳刚度来仿真，这里假设 L14 退化如下。

图 4.20 由 Bridon 公司提供[100]，该公司是系泊缆绳的制造商，给出了各种缆绳的类型，包括直径、材料、破断强度、性能曲线等。该图显示了缆绳受到载荷和极限载荷百分比与其伸长和原长百分比之间的非线性关系，分为崭新的和使用过的两种情况。由于此公司并没有给出关系的具体方程，这里用多项式拟合法来得到大致的趋势，并将其作为数值模拟的缆绳刚度输入。需要说明的是，海上输油工程中使用的缆绳并不是新的，而且在崭新的阶段并不容易发生故障，所以这里都采用图 4.20 中使用过的缆绳性能作为输入。

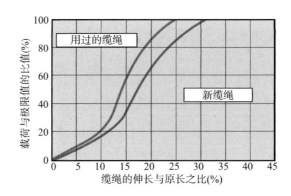

图 4.20 超级缆绳的载荷与伸长比之间的关系

从图 4.21 和图 4.22 所示的横剖面示意图可以看出，完整的尼龙缆绳由 21 股组成，假设断裂的缆绳子股如图 4.21 所示。

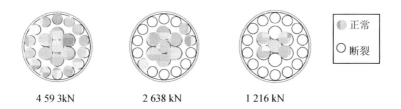

图 4.21 部分子股折断尼龙缆绳的截面示意图

这里假设 L14 刚度分阶段降级，缆绳完整时的参数与 3.3.1 节中所述相同。当缆绳伸长长度比为 25％时，缆绳将因达到极限破断载荷(4 593 kN)而断裂。参照图 4.22，经曲线拟合得到该缆绳的多项式刚度方程：

$$F_1 = -96\,632.7x + 236\,118\,125.6\,x^2 - 648\,992\,284.6\,x^3 \quad (4\text{-}18)$$

$$x = \frac{l_{ext}}{l_0} \quad (4\text{-}19)$$

$$F_1 = -96\,632.7 l_{ext}/l_0 + 236\,118\,125.6(l_{ext}/l_0)^2 - 648\,992\,284.6\,(l_{ext}/l_0)^3$$
$$(4\text{-}20)$$

其中，$F_1$ 是所受负载；$l_0$ 是缆绳的原始长度；$l_{ext}$ 是在 $F_1$ 作用下缆绳的伸展长度；$x$ 是伸长百分比。

如果一个缆绳中的部分子股断裂，则给出以下两个假设：

（1）假设剩余正常子股的属性在缆绳断裂前后并未改变，并且各自满足原多项式关系。关系保持不变：

$$y_{strd} = ax + bx^2 + cx^3 \tag{4-21}$$

其中，参数 $a$、$b$ 和 $c$ 从拟合过程获得，有子股破损时参数保持不变；$y_{strd}$ 表示子股受到载荷与其极限强度的百分比。

（2）假设剩余子股的最大延伸几乎没有影响。子股数减少了，而其余子股的最大伸长比不变，断股的缆绳所能承受的破断载荷将比完整状态下的缩小一定的比例。这个比例只与剩余股线的横截面面积之和及原有总横截面面积之和有关。比例可以表示如下：

$$\beta = \frac{A_1 + A_2 + \cdots + A_m}{A_{total}} \tag{4-22}$$

其中，$m$ 表示缆绳剩余的完整子股数量；$A_i$（$i = 1, 2, \cdots, m$）是第 $i$ 股的横截面面积；$A_{total}$ 是完整缆绳的总横截面面积。

根据如上所述的理论，假设模拟 L14 由完整状态降级为图 4.21 所示的第 2 张和第 3 张图所示的状态时，即从完整的 21 股，到发生断裂剩 10 股，最终只剩 5 股。则有在第二种情况下降级缆绳的最大负荷变成 $\beta_1 \times F_{max}$，在第三种情况下最大负荷变成 $\beta_2 \times F_{max}$。在这里，$F_{max} = 4\ 593\ kN$，比例 $\beta_1$、$\beta_2$ 分别被估计为 0.574 和 0.265，即其破断载荷相应地从 4 593 kN 降级到 2 638 kN 后又继续降到 1 216 kN。

由此可以得到退化缆绳的刚度方程，其曲线如图 4.22 所示。例如，当退化的缆绳是 L14 时，原长度 $l_0$ 是 23.19 m。在第 2、3 退化阶段，缆绳的载荷分别为

$$F_2 = -9\ 670.2x + 119\ 577\ 963.3\ x^2 - 309\ 302\ 590.8\ x^3 \tag{4-23}$$

$$F_3 = -9\ 670.2x + 57\ 699\ 611.1\ x^2 - 152\ 819\ 974.0\ x^3 \tag{4-24}$$

当代入 $l_0$ 后，表示 $F_1$、$F_2$ 和 $F_3$ 的表达式分别如下（$l_{ext}$ 表示伸长的长度）。

$$F_1 = -4\ 167\ l_{ext} + 439\ 064\ l_{ext}^2 - 52\ 040\ l_{ext}^3 \tag{4-25}$$

$$F_2 = -417\ l_{ext} + 222\ 356\ l_{ext}^2 - 24\ 802\ l_{ext}^3 \tag{4-26}$$

$$F_3 = -417\ l_{ext} + 107\ 293\ l_{ext}^2 - 12\ 254\ l_{ext}^3 \tag{4-27}$$

对这 3 种工况分别进行数值模拟。当 L14 从 4 593 kN 降至 2 638 kN 和 1 216 kN 的破断力时，分别将与 L14 高度相关的 L13 和 L14 在 2 000 s 到

10 800 s 这一时间段内的时间序列信号进行依次组合,组合为两个新的信号。图 4.23 显示了当 L14 从正常到降级时,L13 和 L14 在 3 种工况下的 3 组数据组合信号。每根缆绳的信号有 8 800×3 个数据。这个操作是为了模拟在实际工程中缆绳在时间历程中降级的情况。

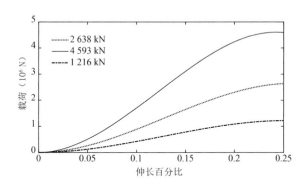

**图 4.22 降级缆绳的特性图**

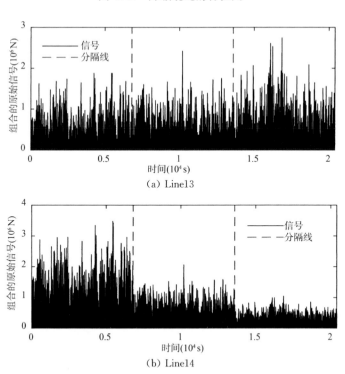

(a) Line13

(b) Line14

**图 4.23 Line14 退化时 Line13 和 Line14 的张力**

首先,基于 FCWA 法用低通滤波器对信号进行滤波,高频界限为0.39 rad/s。

使用 db3 小波,通过小波分解重构对低通信号进行处理直到第 7 级。图 4.24
和图 4.25 给出了当 L14 退化时,L13 和 L14 的重构小波系数,即故障特征
值。根据所获得的相应环境下的 L13 和 L14 的阈值,将特征值与阈值的最大
值和最小值进行比较。

如图 4.24 所示,当 L14 下降了 42.6%时,L14 的特征值几乎全部超出了
最小阈值,信号的波动幅度也大大减小。当 L14 的刚度下降了 73.5%时,信
号全部位于最小阈值以下,甚至连平均值都超出了最小阈值,约 2.0E5N。

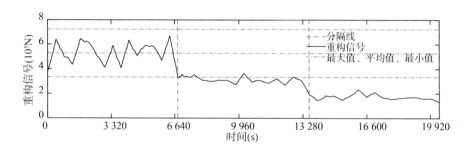

**图 4.24　Line14 退化时其受力的重构系数**

在图 4.25 中,当破断载荷下降了 42.6%时,L13 的特征值个别峰值跨越
其最大阈值,平均值提升了约 1.0E5N,最大峰值超出 L13 上限约 3.0E4N。
当 L14 的刚度减弱为正常值的 26.5%时,特征值的大部分值超过阈值上限。
信号的最大幅值超出最大阈值约 1.8E5N。这是可以理解的,因为当 L14 的
承载能力较弱时,其自身受到的载荷下降,为了保持所有缆绳受力的平衡,与
之正相关的 L13 将承受更多的负荷。

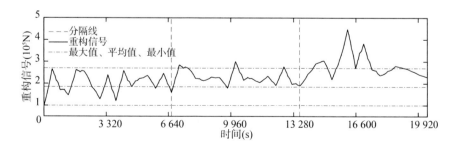

**图 4.25　Line14 退化时 Line13 的受力重构系数**

根据退化阶段的结果可以推断,在 L14 刚度逐渐降低的情况下,L14 的受
力也将逐渐降低,而与之高度相关的 L13 的受力将逐渐变大。但是当断股数

量很少时，如 1～3 根时，很难检测得到，所以当可以探测出降级现象时，必然说明已经降级到较危险的程度，应立即采取措施。

因此，可基于小波重构的信号来识别衰退特征。当两条正相关的缆绳（如 L13 和 L14）一个超越了下限，另一个超过了上限时，说明前者正在退化。超过阈值的比例决定了其退化程度。当刚度为正常状态的 57.4% 时，虚拟传感器的上升幅度不显著。当刚度仅为正常状态的 26.5% 时，信号的上升幅度逼近于破断状态的幅度。在这种情况下，退化的缆绳便几乎失去了承载能力。

经过接下来对其他缆绳的小波分析发现，其他缆绳的受力并没有太大的变化，至少利用本书的故障诊断方法并不能鉴别出越界特征值。这是可以理解的，因为考虑到安全性，FPSO 旁靠系缆系统系统本身是冗余的，破断 1 根所造成的影响不一定很明显。根据本例可以推测，当某根缆绳自身受力超过其最小阈值，而与其存在较强正相关关系的缆绳自身受力超过最大阈值时，可以推测是前者刚度已降级，原因之一可能是断股。

该方法被证实在诊断其他缆绳的刚度退化时也是可行的，因此可以将这种针对刚度降级故障的诊断方法应用到实际工程中。

总体而言，可以通过此方法诊断传感器的失效、缆绳的退化和破断状态。因此，传感器失效后利用虚拟传感器组进行监测，当有突变信号出现时，不仅有缆绳破断的可能，还有断股的可能。操作人员应参考实际情况结合可恢复故障诊断方法进行具体分析，采取最合理的措施，将风险降到最低。可恢复监测系统的开发将大大提升系统监测、故障诊断及元件健康状态评估的准确性和可靠性，有利于保障系统的安全作业。

由于本章提及的监测系统的可恢复故障诊断功能同样是基于虚拟传感器的思路，因此也在一定的范围内适用，适用条件为：(1)所研究的传感器失效的构件至少存在另一个构件，其监测数据与前者的数据具有较强相关性；(2)应用于实际工程中经过预处理(去除异常值、去除传感器故障引起的漂移等因素)的监测数据。

## 4.4　本章小结

本章针对海洋工程中监测系统"传感器是否失效无法判别""构件损伤无法诊断"的问题，提出了一种较可靠的传感器及构件状态实时诊断方法。基于第 3 章提出的虚拟传感器，实现了基于残余监测数据信息的故障诊断。对于故障特征的提取,提出了频率集中小波分析法(FCWA),解决了故障前后信号频率成分变化的问题;为了实现环境变化情况下的故障诊断,基于数值模拟结果与人工神经网络法建立了动态阈值,实现了对传感器失效与构件损伤的区分,以及对构件退化状态的识别。以 FPSO 旁靠系缆为例,利用多传感器信号进行故障诊断,有效地区分了传感器失效与构件损伤,识别了缆绳破断或刚度降级的状态,为采取相应的风险预防措施争取了时间,以避免重大事故的发生。基于虚拟传感器、频率集中小波法和动态阈值的故障诊断思路也可用于其他相互影响的关键结构系统的故障诊断,如纵桁、横梁、平台管状结构等,可根据响应特征选择合适的小波基。

本章中对监测数据的诊断不但可以在线维护构件的可靠性,还可通过准确的构件健康状态判断,得到更可信的可靠性数据,从而输入系统可靠性模型,以进行更可信的系统可靠性分析。

# 第 5 章

## 考虑相关性的系统可靠性分析方法

## 5.1 引言

本章基于前3章提到的数据获取方法分析,研究如何利用这些数据更准确地定量分析海洋结构物的系统可靠性。

本章针对失效模式众多的问题,基于解耦合、聚类的思想对多失效模式进行简化,研究考虑相关性的系统可靠性分析方法。解决相关性问题,一般考虑设备系统和结构系统这两种类型。对于结构系统,可基于结构可靠性理论推导出相关系数,并以此推导整个结构体系的可靠度;设备失效与结构失效则不同,无法构建极限状态方程,一般没有理论方法可以直接进行相关性的计算,需通过分析系统各个设备失效之间的因果关系及相互影响的程度,基于专家评分等方法对相关性进行分析。

本章以结构系统为研究对象,提出考虑相关性的改进系统可靠性分析方法,以提升计算精度。海洋结构构件的响应多为交变的,交变的响应通常可基于监测或数值模拟获取时历数据。考虑到缆绳、系泊结构等在海洋结构物中的广泛应用,以及其在结构安全方面的重要地位,本章的算例选择了FPSO旁靠输油缆系系统,以数值方法模拟真实的监测数据,作为可靠性数据的输入,研究所提出方法对于系统可靠性分析的效果。

## 5.2 系统可靠性中相关性的分析方法

海洋结构物包含众多承载载荷的不同构件,比如管结构、系泊缆绳等,通过结构体系可靠性的分析可以估计出哪些构件对体系的影响最大,即重要度最高,从而指导基于可靠性的结构设计、可靠度的分配,最大限度地降低潜在风险、提高经济效益。随机条件及环境对结构的影响较大,不容易推断结构完成任务的水平和能力,所以基于统计学的结构可靠性分析是具有实际意义的。

结构可靠性中经常利用可靠度和失效概率来描述分析结果。结构中 $n$ 个结构可靠性涉及的基本随机变量的联合概率密度函数为 $f_{X_1, X_2, \cdots, X_n}(x_1, x_2, \cdots, x_n)$,该结构的失效概率可以表示为

$$P_f = \iint \cdots \int f_{X_1, X_2, \ldots, X_n}(x_1, x_2, \ldots, x_n) \mathrm{d}x_1 \mathrm{d}x_2 \ldots \mathrm{d}x_n \quad (5\text{-}1)$$

若基本随机变量是相互独立的,则结构的失效概率可以表示为[94]

$$P_f = \iint \cdots \int f_{X_1}(x_1) f_{X_2}(x_2) \ldots f_{X_n}(x_n) \mathrm{d}x_1 \mathrm{d}x_2 \ldots \mathrm{d}x_n \quad (5\text{-}2)$$

设结构有 $n$ 个失效模式,各个失效模式满足如下极限状态方程:

$$G_i = g_i(x_1, x_2, x_3 \ldots, x_j) = R_i - S_i = 0 (i = 1, 2, 3, \ldots, n) \quad (5\text{-}3)$$

其中,$R_i$ 为结构抗力;$S_i$ 为载荷效应;$x_j$ 为此方程中包含的表示结构自身及载荷特性的随机变量;$G_i$ 是安全界限,即安全平面。失效平面将使安全点和失效点间隔[94]。

当系统失效模式组成可以被看成相互独立的时候,即串联模型,其系统失效概率可以表示为

$$P_{fs} = P\left[\bigcup_{i=1}^{n}(G_i < 0)\right] = 1 - P\left[\bigcap_{i=1}^{n}(G_i \geqslant 0)\right] \quad (5\text{-}4)$$

整个结构或其局部超出了正常的状态范围,不满足规范要求,这种状态为结构的极限状态。极限状态的界定应根据实际关注的重点而确定,不是恒定不变的。极限状态[124,125]通常分为以下 3 种情况:

a. 可服务性极限状态。当结构的某些状态,如部分损伤、形状改变、噪声等影响了结构的正常运行或人员的正常状态,这种状态叫作可服务极限状态。

b. 条件性极限状态。在某些情况下,结构并未被完全破坏,但是造成了外界因素的不可接受条件,如人员、环境、经济的惨重损失,这种状态叫作条件极限状态。

c. 最终极限状态。即指结构物达到了最大承载极限,因刚度和强度超出了极限而被损坏。其典型失效状态从结构上说,可能是由于屈服、屈曲、疲劳

等引起的。

## 5.2.1　考虑相关性的可靠性分析方法进展

在单个构件可靠度已知的情况下,针对相关构件进行体系可靠度的计算通常可用理论积分方法,但其计算烦琐且时间成本大。本节将首先对以往的相关性处理方法进行介绍,并提出一种高效高可信度的方法对结构体系可靠性进行分析,后续将通过与其他方法的对比,说明该方法的优势。

现有很多研究针对失效模式的相关性问题提出了解决方法[126],主要涉及积分法[127,128]、数值仿真(Monte Carlo 法)[129]、近似算法(概率网格估计法,PNET)[130]、窄界区间法[131]等。使用积分法时要解决多维积分问题,当系统组成规模庞大时,程序复杂,并不实用[126]。Monte Carlo 法利用巨大数量的抽样来模拟服从所需分布的变量,仿真次数越多,精度越高,并且对各种分布的变量具有普适性,但传统的算法需要耗费大量时间与计算机容量,效率较低。

鉴于此,近似结构体系可靠性算法发展了起来。近似法因其简便性逐渐成为一类较为常用的方法。宽边界法则是提出了结果的一种极限范围,以构件间互不相关或完全相关为边界条件。但在多数情况下,宽边界的宽度太宽,无法确定可靠度在哪一小段范围内,于是出现了窄界区间法。窄界区间法[131]的计算过程简单,利用复杂多维积分可以转化的特点,将其简化为一维二维标准正态分布函数计算,给出了系统可靠性的变化区间。但是随着失效模式相关性增大及失效机构数量的增加,界限范围变得越来越宽。当失效概率比较大时,得到的窄界区间也较大,仍不能给出所需的估计结果。李云贵等[132]的研究结果显示其计算的失效概率超出窄界区间,精度随相关系数界值 $\rho_0$ 的选择等不确定因素而变化,且不易控制。Gollwitzer 等[133]提出利用几何面的方法解决概率近似问题。Hohenbichler 等[134]和周金宇等[135]分别基于降维和分类思想,并利用近似方法计算系统可靠性。张小庆等[136]基于统计学思想,将失效模式进行了适当简化。

多种近似算法的提出在不同程度上简化了计算方法,然而大多数方法涉及的二阶或高阶联合概率求解方法计算依旧繁杂[127,128]。Drezner[128]利用高斯积分法计算从二阶到多阶联合概率,并最高计算到十二阶联合概率。Song[127]利用空间的思想提出具有精度优势的方法,但是计算成本也随之增长[137]。郭书祥[137]提出了一种不涉及联合概率求解的计算方法,通过引入相关度表示的权系数以近似结构体系失效概率,得到了较好的效果。然而,该方法将所有失效模式同等研究,随着失效模式数的增加仍然存在计算量大的问题。

现有的结构体系可靠性近似方法主要基于降维和相关性的近似简化思想,大多还未解决计算量大或精度不足的问题,考虑相关性的系统可靠度计算仍需要进一步研究。

宽区间假设失效模式完全相关以确定下界,假设各失效模式完全独立以确定上界。因此,串联系统失效概率的宽区间为

$$\max P_{fs} \leqslant P_{fs} \leqslant 1 - \prod_{i=1}^{n} (1 - P_{fs}) \tag{5-5}$$

Ditlevsen 根据所有单一失效模式的概率与所有二阶联合概率(即所谓的二阶区间),给出一个结构体系失效概率的窄区间。对于一个串联系统来说,有 $n$ 个失效模式 $E_i (i = 1, 2, \cdots, n)$,任意失效模式的发生将会导致系统失效,则结构体系的失效概率在以下边界区间内[131]:

$$P_1 + \sum_{i=2}^{n} \max \left\{ P_i - \sum_{j=1}^{i-1} P_{ij} ; 0 \right\} \leqslant P_F = P(\bigcup_{i=1}^{n} E_i) \leqslant \sum_{i=1}^{n} P_i - \sum_{i=2}^{n} \max_{j<i} P_{ij} \tag{5-6}$$

其中,$P_i = P(E_i)$,$P_{ij} = P(E_i E_j)$。

针对系统可靠度估计的失效模式相关性问题,从 PNET 方法的思路出发,将一组强相关的失效模式组用最薄弱的环节表征,进行 PNET 法的研究,并根据其出现的问题,进行新方法的探索。依照失效模式组内近似、组外隔离的方式进行系统可靠性计算。

## 5.2.2　相关性系数

首先介绍相关系数的相关理论,相关系数是后续方法的理论基础。假设两个失效模式的极限状态方程分别为

$$G_1 = a_0 + a_1 x_1 + a_2 x_2 + \cdots + a_n x_n \tag{5-7}$$

$$G_2 = b_0 + b_1 x_1 + b_2 x_2 + \cdots + b_n x_n \tag{5-8}$$

其中,$a_i$ 和 $b_i$ 为方程的参数;$x_i$ 为一组相互独立的随机变量,均值为 $\mu(x_i)$,均方差为 $\sigma(x_i)$。在这里,可以求得两极限方程,即两个失效模式的相关系

数,可以通过下式求得:

$$\rho_{12} = \rho(G_1, G_2) = \frac{\sum_{i=1}^{n}\sum_{j=1}^{n}a_ib_j\mathrm{cov}(x_i, x_j)}{\sigma_{G_1}\sigma_{G_2}} = \frac{\sum_{i=1}^{n}a_ib_i\sigma_{xi}^2}{\sigma_{G_1}\sigma_{G_2}} \quad (5-9)$$

其中,$\sigma_{G_1}$ 与 $\sigma_{G_2}$ 分别为 $G_1$ 与 $G_2$ 的均方差。

假设 $\mathbf{X}$ 是以 $n$ 个行向量 $\mathbf{X}_i$ 组成的矩阵,第 $i$ 行的行向量的期望是 $\boldsymbol{\mu}_i$,$\boldsymbol{\mu}_i = E(\mathbf{X}_i)$。则 $\mathbf{X}_i$ 与 $\mathbf{X}_j$ 之间的协方差可表示为

$$\boldsymbol{\Sigma}_{ij} = \mathrm{cov}(\mathbf{X}_i, \mathbf{X}_j) = E[(\mathbf{X}_i - \boldsymbol{\mu}_i)(\mathbf{X}_j - \boldsymbol{\mu}_j)^{\mathrm{T}}] \quad (5-10)$$

用所有第 $i$、$j$ 个变量构成整个协方差矩阵,可表示为

$$\boldsymbol{\Sigma} = E[(\mathbf{X} - E(\mathbf{X}))(\mathbf{X} - E(\mathbf{X}))^{\mathrm{T}}] =$$

$$\begin{bmatrix} E[(X_1-\mu_1)(X_1-\mu_1)] & E[(X_1-\mu_1)(X_2-\mu_2)] & \cdots & E[(X_1-\mu_1)(X_n-\mu_n)] \\ E[(X_2-\mu_2)(X_1-\mu_1)] & E[(X_2-\mu_2)(X_2-\mu_2)] & \cdots & E[(X_2-\mu_2)(X_n-\mu_n)] \\ \vdots & \vdots & \ddots & \vdots \\ E[(X_n-\mu_n)(X_1-\mu_1)] & E[(X_n-\mu_n)(X_2-\mu_2)] & \cdots & E[(X_n-\mu_n)(X_n-\mu_n)] \end{bmatrix}$$

$$(5-11)$$

这个概念是对标量随机变数方差的一般化推广[94,124]。

根据式(5-11)计算失效模式之间的相关系数,据此进行分组,对结构体系可靠性进行分析。

### 5.2.3 PNET 法

最弱失效模式理论描述如下:系统最容易发生故障导致系统损伤的失效模式数目是有限的,要想提高系统可靠性,可对这些危险的失效位置进行重点监测、维护、改进和控制。Ang 和 Bennett[130] 利用这种思想进行系统可靠性的分析。

概率网格估算法(Probability Network Evaluation Technique,PNET)正是利用了这种思想。为了识别最易失效的部分,其引入了相关性的分析,即可将系统视为由几个相互相关的失效模式组成的组,一组极为相关的失效模式,其发生级联失效的可能性很高,最先发生危险的应该是可靠性最低的环节,即假设当该环节发生故障时,其他强相关的构件也极有可能发生故障,那么只考虑这些典型的危险失效模式则可推导系统的可靠性。为了清晰地表

明失效模式之间的关系,可利用示意图 5.1 来解释这种思路。

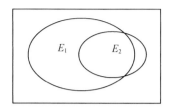

图 5.1　最弱失效模式示意图

每个失效模式可以被视为一个失效事件 E,如图 5.1 中的椭圆所示,此处仅用两个事件来分析这个问题。基于概率理论,系统(包括 $E_1$ 和 $E_2$)的概率可以表示为

$$P(E_1 \bigcup E_2) = P(E_1) + P(E_2) - P(E_1 \bigcap E_2) \tag{5-12}$$

如果 $P(E_1) \geqslant P(E_2)$,并且 $E_1$ 和 $E_2$ 是高级相关的,有 $P(E_2) \approx P(E_1 \bigcap E_2)$,那么 $P(E_1 \bigcup E_2) \approx P(E_1)$。$E_1$ 可被称作最弱失效模式,表示其可单独发生或伴随 $E_2$ 发生,所以在工程需求误差范围内,此结构体系的失效概率可以用 $P(E_1)$ 来替代。当失效模式数目达到 3 个或以上时,此结论依然成立,则有

$$P_f = P(\bigcup_{i=1}^{n} E_i) \approx P(E_1) = \max_{1 \leqslant i \leqslant n} P(E_i) \tag{5-13}$$

其中,$P_f$ 表示系统的失效概率;$E_i$ 表示失效模式;$P(E_i)$ 是 $E_i$ 的失效概率;$P(E_1)$ 是最弱失效模式的失效概率。

在实际工程中,由于系统内部、外部因素的复杂耦合作用,过度简化失效模式将造成可靠性分析结果不合实际。本章采用结构最弱失效模式组来代替单独的最弱失效模式。根据 PNET 方法,以相关系数界值为限,将系统的所有失效模式分解为假设独立的失效模式组。然后从每个失效模式组中选出一个最弱的当作此组的代表,如图 5.2 所示,$E_{wi}$ 即为每个失效模式组中的代表因子。基于系统每组中最危险事件的集合,可求得系统的失效概率:

$$P_f = P\{\bigcup_{i=1}^{n} E_i\} = P\{\bigcup_{i=1}^{m} E_{wi}\} \tag{5-14}$$

失效模式组可以单独发生也可以伴随其他事件发生,利用集合表示,如图 5.2 所示。

共有 $m$ 个失效模式组,若第 $i$ 个最弱失效模式的发生概率为 $P(E_{wi})$,根据 PNET 方法的原理,可求得系统失效概率 $P_r$:

$$P_r = 1 - \prod_{i=1}^{m}\left[1 - P(E_{wi})\right] \tag{5-15}$$

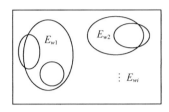

**图 5.2　最弱失效模式组示意图**

## 5.2.4　聚类近似法

PNET 法考虑了相关性,巧妙避开了对相关失效模式联合概率的计算,得到的结果也较为准确[137]。鉴于 PNET 方法的优势,尝试将其在海洋结构物体系可靠性分析中应用。然而,PNET 方法虽然简单易用,但因利用典型失效模式代替整个失效组,会损失大量的失效信息[126,137],尤其在同一组中失效模式较多的情况下,给相关/独立程度的假设与实际的差距造成误差。在此基础上提出聚类近似法(Clustering Approximation,CA 法),相较于积分方法、近似方法等,聚类近似法无需进行积分运算。本书通过与 PNET、近似区间等方法结果的对比,分析 CA 方法的适用性与准确度。方法的提出基于以下假设:失效的原因为受力超过破断载荷而导致的结构损伤,不考虑疲劳、磨损、腐蚀等复杂的故障模式。

采用 PNET 法和 CA 法对海洋结构物的结构体系可靠性进行计算,再将两个结果加以对比。

如何分析多失效模式间相关性是系统可靠性分析的难题[138],需要求解多向量多维联合分布概率,当失效模式数目较多时,运用积分法求解其多阶联合概率会导致计算复杂,效率较低。综合考虑准确性、效率、计算量等因素,近似方法不仅高效简便,而且精度较高,可以满足工程安全需求。以下对本书应用的近似算法进行介绍。

由两失效模式组成的失效模式组的失效概率为

$$P_f = P(G_i \bigcup G_j) = P(G_i) + P(G_j) - P(G_i \bigcap G_j) = P_i + P_j - P_{ij}$$

$$(5\text{-}16)$$

$P_{ij}$ 可表示为

$$P_{ij} = r_{ij} P_{fj} \qquad (5\text{-}17)$$

其中，$r_{ij}$ 为 $G_j$ 发生条件下 $G_i$ 发生的概率，同时也表示了 $G_i$ 和 $G_j$ 之间的相关程度，这里称为相关度。当 $r_{ij}$ 等于 0 时，$G_i$ 和 $G_j$ 完全独立；当 $r_{ij}$ 等于 1 时，$G_j$ 与 $G_i$ 完全相关。通过窄界区间的理论推导，给出一种 $r_{ij}$ 的近似表示方法[137]：

$$r_{ij} = \Phi(-\beta_{ij}) + \frac{P_{fi}}{P_{fj}} C_{ij} \Phi(-\beta_{ji}) \qquad (5\text{-}18)$$

其中，$\beta_{ij} = \dfrac{\beta_i - \rho_{ij}\beta_j}{\sqrt{1-\rho_{ij}^2}}$，$\beta_{ji} = \dfrac{\beta_j - \rho_{ij}\beta_i}{\sqrt{1-\rho_{ij}^2}}$，$C_{ij} = 0.5(\rho_{ij}^2 + \rho_{ij}\sqrt{1-\rho_{ij}^2})$。

当有 3 个失效模式时，则将前两个失效模式作为一个整体。有

$$P_f = P(G_1 \bigcup G_2 \bigcup G_3) = P(G_{12} \bigcup G_3) =$$

$$P(G_1 \bigcup G_2) + P(G_3) - r_{123}P(G_3) = P_{f12} + (1-r_{123})P(G_3) \quad (5\text{-}19)$$

计算过程中涉及的可取 $\rho_{123} = \max\{\rho_{13}, \rho_{23}\}$。同理可推导由 $n$ 个失效模式构成的组的失效概率为

$$P_f = P(G_1 \bigcup G_2 \bigcup \ldots \bigcup G_n) = P_{f12\ldots n-1} + (1-r_{12\ldots n})P_{fn} =$$

$$P_{f1} + (1-r_{12})P_{f2} + \ldots + (1-r_{12\ldots n})P_{fn} \qquad (5\text{-}20)$$

其中，用到的相关系数 $\rho_{12\ldots n} = \max\{\rho_{1n}, \rho_{2n}, \ldots, \rho_{(n-1)n}\}$。此方法不涉及联合概率的积分计算，得出的失效概率为落在由 Ditlevsen[131] 提出的窄界区间内的高精度点值。

然而，随着失效模式数目的增长，计算量 $r_{1i}(i=1,2,\cdots,n)$ 也会随之剧增。这种工作量对于特定情况而言并不是必需的，在某些情况下，繁杂的计算过程对于计算精度基本没有影响。因此，提出基于聚类分析的结构体系失效概率计算方法，其基本原理为：将所有失效模式聚类，保证类与类之间尽量相互独立，失效模式被归入若干"彼此相关的组"与"自身独立的组"，原理如图 5.3 所示，并利用近似算法量化"彼此相关的组"的失效概率。

失效模式聚类分析的主要思路是在保证类与类之间相互独立的基础上，将独立性强的失效模式自成一类，将相关性强的失效模式根据相关系数及失

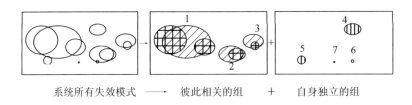

系统所有失效模式 —— 彼此相关的组 + 自身独立的组

**图 5.3 失效模式聚类原理图**

效概率分类。

首先,对失效模式发生的概率大小及相关系数进行综合分析,将可以视为不相关的失效模式辨别出来,以大大简化后续结构体系失效概率计算流程。流程图如图 5.4 所示,具体流程可阐释为:

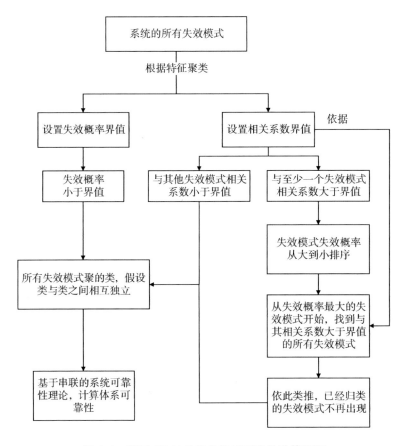

**图 5.4 基于 CA 法的结构体系可靠性计算流程**

（1）各自独立的组

a. 失效模式失效概率非常小

假设某子系统有两个失效模式，则此子系统的失效概率为

$$P(A \bigcup B) = P(A) + P(B) - P(A \bigcap B) \tag{5-21}$$

假如 A 与 B 相互独立，则 A 与 B 同时发生的概率 $P = (A \bigcap B) = 0$。假如 A 与 B 为正相关，即 $0 \leqslant \rho \leqslant 1$，则 $P(A \bigcap B)$ 不可忽略。

由于 $P(A \bigcap B) \leqslant P(A)$，$P(A \bigcap B) \leqslant P(B)$，由图 5.5 可知，当 $P(B) < \varepsilon_0$ 时，$P(A \bigcap B) < \varepsilon_0$，当 $\varepsilon_0 \to 0$ 时，即 $P(A \bigcap B) \to 0$，即 $P(A \bigcup B) \to P(A) + P(B)$，此时可假设 A 与 B 相互独立，示意图如图 5.5 所示。

据此，选定一个临界值 $\varepsilon_0$（$\varepsilon_0$ 可确定为 10E-30 到 10E-8，视精度需求而定），将所有失效模式中小于等于此临界值的部分单独分为一组，这些组与所有失效模式相互独立。

小概率失效模式被分离出后，大大简化了体系可靠性指标的求解步骤，对余下的许多相关的失效模式继续聚类。

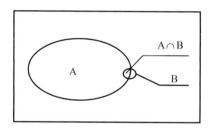

**图 5.5　示意图**

b. 相关系数相对较小

当相关系数小于某一界值 $\rho_0$（可取 0.4）时（关于界值的确定见下文），说明相关性非常弱，工程上可以假设其为独立的。将与任何失效模式的相关系数都低于相关系数界值 $\rho_0$ 的 $p$ 个失效模式单独归为一组。

（2）彼此相关的组

失效模式的概率越大，风险越高，由此依次选择风险由高到低的失效模式作为基准，寻找与之相关的所有失效模式。将余下失效模式分为 $q$ 组，具体步骤如下：

a. 将各失效模式的失效概率从大到小排列。

b. 选取上述相关系数界值 $\rho_0$，其取值可以根据各失效模式间相关系数

结果和工程精度要求来确定。CA 法的相关系数界值可以取得相对较低,即代表弱相关或可忽略的程度,最大程度地保证了组与组之间的独立性。每组内的相关程度可被量化,因此能够据此进行较精确的近似失效概率计算。PNET 法中的 $\rho_0$ 一般取值为 0.7,此值的选取存在一定的主观性[132]。假如 $\rho_0$ 过小,则每个失效组中的失效模式增多,不足以保证最弱失效模式的发生与组内其他失效模式的发生有充分的关联性,因此每组不能以该最弱失效模式为代表。假如 $\rho_0$ 过大,则每组的失效模式较少,相关程度较大的失效模式组间关系会被作为独立关系进行处理,造成较大误差。由此可见,经验与主观因素对结构体系可靠度的计算精度影响较大。

c. 失效模式聚类。1 号失效模式(即失效概率最大的失效模式),与其他失效模式的相关系数为 $\rho_{1i}$,当 $\rho_{1i} > \rho_0$ $\rho_{1i} > \rho_0$ 时,则认为第 $i$ 个失效模式与第 1 个失效模式相关性较强,将其归为第一组。已被分组的失效模式不再被聚类。继续从余下的失效模式中寻找可靠性最低的,并找到其组员。重复以上步骤,直到所有聚类完成。

按以上步骤得到的聚类结果,假设失效模式组与组之间相互独立。经过聚类,共有 $m = k + p + q$ 个相互独立的失效模式组,第 $i$ 个失效模式组的失效概率为 $P_{fi}$,则该结构的失效概率可以通过下式求得:

$$P_f = 1 - \prod_{i=1}^{m} (1 - P_{fi})(i = 1, 2, 3, \ldots, m) \tag{5-22}$$

## 5.3 考虑相关性的系统可靠性分析实例

本章针对 FPSO 旁靠外输系统系泊缆绳的分析,仍依据第 3 章的算例,但出于研究的需要,在系缆的参数、环境条件上做了改变。此处研究结构可靠性,由于数据存在不足,故采用第 2 章所述的基于数值模拟、结合结构可靠性理论的可靠性数据获取方法。

对海洋工程系统进行结构体系可靠性分析,可以根据不同工况下的结构响应进行分析。依据上述理论,FPSO 旁靠系统的可靠性分析步骤如下(见图 5.6):

(1)根据相应的规范、资料及实际经验,确定每个构件的失效形式,以及旁靠系统的所有失效模式。

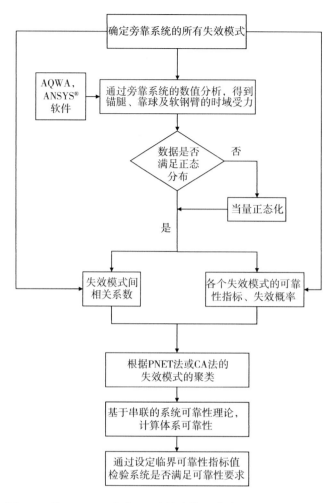

**图 5.6　基于 PNET 法或 CA 法的旁靠系统结构体系可靠度计算**

（2）应用 AQWA，ANSYS® 软件对旁靠系统进行数值分析，得到锚泊线、靠球及软钢臂的时域受力数据。对所得的数据进行正态性检验[139]，若数据不服从正态分布，则需要对其进行当量正态化处理。

（3）求得各失效模式的可靠性指标、失效概率及失效模式间相关系数矩阵。

（4）根据 PNET 法或 CA 法进行分析。对于 PNET 法，根据相关性大小分成若干失效模式组，并选出每组的最弱失效模式，基于所有最弱失效模式求解体系结构可靠度。对于 CA 法，组内利用近似算法求解各组失效概率，针对由相互独立的串联失效模式组构成的系统计算其体系失效概率与可靠性指标。

（5）选择临界可靠性指标值，来确定是否采取措施。若结构体系可靠度指标在 2.5 以下，则禁止输油作业；若指标在 2.5～3.0 区间内，则需采取加强安全的措施；若指标高于 3.0，则可以保证正常输油[140]。

### 5.3.1 基于监测方法获取的可靠性数据

以软钢臂 FPSO 旁靠外输系统为研究对象，考虑的结构构件包括 10 根系泊缆绳、4 个靠球及软钢臂，此处的缆绳刚度系数与第 3 章有所不同。

考虑反应力服从非线性方程。反应力可以表示为

$$T = k_1 x + k_2 x^2 + k_3 x^3 \tag{5-23}$$

其中，$x$ 代表靠球与缆绳的变形量；$k_1$、$k_2$、$k_3$ 是常系数。靠球和缆绳的变形系数如表 5.1 所示。图 5.7 给出了各构件编号和环境方向。

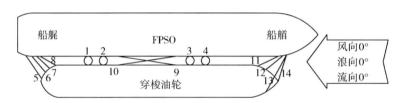

**图 5.7　FPSO 模型俯视图**

根据美国石油学会（API）的单点系泊规范[104]，主要的典型环境参数为：有义波高 4 m，谱峰周期 7 s，表面流速 1.34 m/s，1 小时持续风速 18.00 m/s，峰值响应系数 1.96。

数值模拟计算系泊缆时选择 120 mm 的特级尼龙缆绳，其最小破断力为 3 453 kN，变异系数取 2.1%[141]，标准差为 72.51 kN。当两船体之间的距离小于靠球的直径时，靠球会对两船产生应力；但当两船之间距离大于靠球时，则不存在两端应力。在有限元分析中，假定当靠球变形超过了整体的60% 时为失效，此例中靠球的极限力为 2 653 kN，变异系数为 2.1%[141]，标准差为 55.71 kN，靠球的应力曲线见图 5.8（假定靠球始终处于正常的位置）。

表 5.1　靠球与缆绳的变形系数

| 系数 | $k_1$ | $k_2$ | $k_3$ |
| --- | --- | --- | --- |
| F1~F4 | 5.72E+05 | 1.18E+05 | 5.98E+05 |
| L5 | 6.14E+05 | −3.25E+05 | 9.51E+04 |
| L6 | 6.57E+05 | −3.73E+05 | 1.17E+05 |
| L7 | 7.08E+05 | −4.33E+05 | 1.46E+05 |
| L8 | 7.11E+05 | −4.37E+05 | 1.48E+05 |
| L9 | 2.61E+05 | −5.89E+04 | 7.32E+03 |
| L10 | 2.61E+05 | −5.89E+04 | 7.32E+03 |
| L11 | 4.39E+05 | −1.66E+05 | 3.47E+04 |
| L12 | 4.25E+05 | −1.56E+05 | 3.16E+04 |
| L13 | 3.01E+05 | −7.83E+04 | 1.12E+04 |
| L14 | 3.83E+05 | −1.27E+05 | 2.31E+04 |

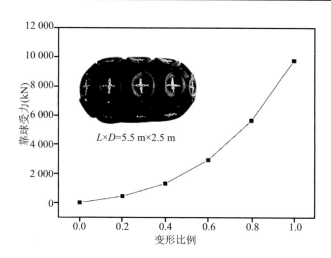

图 5.8　靠球的应力曲线

　　对上述模型进行数值分析,得到各缆绳、靠球及软钢臂的时域受力数据,对这些数据进行正态性检验,验证其是否符合正态分布,并求得其均值与均方差。计算结果如表 5.2 所示。

表 5.2　各构件抗力与载荷

| 构件 | $S_i$ | 平均值(kN) | 标准差(kN) | $R_i$ | 平均值(kN) | 标准差(kN) |
|------|-------|-----------|-----------|-------|-----------|-----------|
| F1 | $F_1$ | 2.63E+02 | 4.49E+02 | $R_1$ | 2.653E+03 | 55.71 |
| F4 | $F_4$ | 4.29E+02 | 6.52E+02 | $R_2$ | 2.653E+03 | 55.71 |
| L5 | $H_1$ | 3.59E+02 | 5.74E+02 | $R_3$ | 3.453E+03 | 72.51 |
| L6 | $H_2$ | 3.03E+02 | 5.30E+02 | $R_4$ | 3.453E+03 | 72.51 |
| L7 | $H_3$ | 3.66E+02 | 5.86E+02 | $R_5$ | 3.453E+03 | 72.51 |
| L8 | $H_4$ | 3.63E+02 | 5.86E+02 | $R_6$ | 3.453E+03 | 72.51 |
| L9 | $H_5$ | 1.89E+03 | 6.63E+02 | $R_7$ | 3.453E+03 | 72.51 |
| L10 | $H_6$ | 1.03E+03 | 6.65E+02 | $R_8$ | 3.453E+03 | 72.51 |
| L11 | $H_7$ | 2.57E+03 | 1.15E+03 | $R_9$ | 3.453E+03 | 72.51 |
| L12 | $H_8$ | 3.22E+01 | 1.51E+02 | $R_{10}$ | 3.453E+03 | 72.51 |
| L13 | $H_9$ | 1.46E+02 | 3.48E+02 | $R_{11}$ | 3.453E+03 | 72.51 |
| L14 | $H_{10}$ | 7.28E+01 | 2.58E+02 | $R_{12}$ | 3.453E+03 | 72.51 |
| 软钢臂 | $Y$ | 4.11E+03 | 2.28E+02 | $R_{13}$ | 1.180E+05 | 2478.00 |

## 5.3.2　失效模式及其相关性

对于该旁靠外输模型,通过设备布置与实际工程经验,找到其所有失效模式,这里只考虑破断极限情况的损伤。由于几何原因,故靠球 2 与靠球 3 相对于靠球 1 和靠球 4 的失效可以忽略(如果存在失效),所以仅研究靠球 1 和 4。因为软钢臂在系泊过程中起到了重要作用,一旦软钢臂失效,则认为输油作业不安全,所以将其单独作为一个失效模式。定义该旁靠外输系统如有同区域(船舯、船艏、船艉)两根系泊缆和任一靠球失效,则外输系统故障。考虑对称性布置,得到 11 个失效模式,分别对应的极限状态函数如下所示:

(1) $G_1 = R_{13} - Y$

(2) $G_2 = R_3 + R_4 + R_1 - H_1 - H_2 - F_1$

(3) $G_3 = R_3 + R_4 + R_2 - H_1 - H_2 - F_4$

(4) $G_4 = R_5 + R_6 + R_1 - H_3 - H_4 - F_1$

(5) $G_5 = R_5 + R_6 + R_2 - H_3 - H_4 - F_4$

(6) $G_6 = R_7 - R_8 - R_1 - H_5 - H_6 - F_1$

(7) $G_7 = R_7 + R_8 + R_2 - H_5 - H_6 - F_4$

(8) $G_8 = R_9 + R_{10} + R_1 - H_7 - H_8 - F_1$

(9) $G_9 = R_9 + R_{10} + R_2 - H_7 - H_8 - F_4$

(10) $G_{10} = R_{11} + R_{12} + R_1 - H_9 - H_{10} - F_1$

(11) $G_{11} = R_{11} + R_{12} + R_2 - H_9 - H_{10} - F_4$

根据上述极限状态方程、表 5.2 的参数、式(2-8)和式(2-9),求得各失效模式对应的失效概率和可靠性指标,如表 5.3 所示。

**表 5.3　各失效模式的可靠性指标和失效概率**

| $\beta$ | 值 | 失效概率 | $\beta$ | 值 | 失效概率 |
|---|---|---|---|---|---|
| $\beta_1$ | 1013.1 | 0 | $\beta_7$ | 5.4 | 3.332E−08 |
| $\beta_2$ | 9.6 | 3.997E−22 | $\beta_8$ | 5.4 | 3.332E−08 |
| $\beta_3$ | 8.3 | 5.206E−17 | $\beta_9$ | 4.9 | 4.792E−07 |
| $\beta_4$ | 9.1 | 4.517E−20 | $\beta_{10}$ | 14.5 | 6.057E−48 |
| $\beta_5$ | 8.0 | 6.221E−16 | $\beta_{11}$ | 11.4 | 2.091E−30 |
| $\beta_6$ | 6.1 | 5.303E−10 | — | — | — |

各失效模式间的相关性可以通过式(5-11)求得,如图 5.9 所示。根据相关系数的大小,针对不同的方法设置不同的相关系数界值。

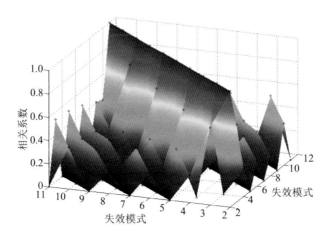

**图 5.9　失效模式间的相关性**

## 5.3.3　基于 PNET 法的系统可靠性分析

这里在应用 PNET 法进行分析时,将相关系数界值设置为 0.65。每个失效模式的可靠性指标 $\beta$ 按从小到大的顺序排列,如图 5.10 所示。结果显示,FM9 是最危险的;FM1 的可靠性指标为 1 013.1,说明其可靠度非常高,但并未排在此图中。

从可靠性指标最低的 FM9 开始,找与其高度相关的所有失效模式,过程
如表 5.4 所示。FM9 与其共同构成了第一个失效模式组。在其余的 10 个
FM 中,只有 FM8 与 FM9 为强相关,其相关系数为 0.81,超过了代表高度相
关的临界值 0.65。根据最弱失效组理论,第一组(FM8、FM9)的失效概率可
由 FM9 的失效概率代替。同理,继续找到第二组的代表 FM7,发现 FM6 与
其相关。以此类推,当以 FM11 为最弱失效模式时,发现剩余的 FM 间的相关
系数都小于 0.65,所以这些 FM 被各自分为一组。

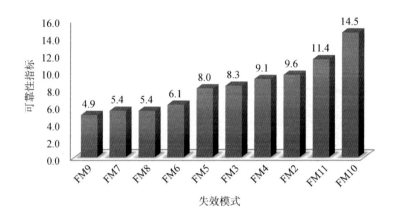

**图 5.10 所有失效模式的可靠性指标排序**

**表 5.4 最弱失效模式组**

| 最弱失效模式组 | 与之相关系数大于 0.65 | 相关系数 |
| --- | --- | --- |
| 9 | 8 | 0.81 |
| 7 | 6 | 0.74 |
| 5 | 4 | 0.69 |
| 3 | 2 | 0.67 |
| 11 | — | — |
| 10 | — | — |
| 1 | — | — |

最终,通过进一步寻找,整个系统的最弱失效模式组依次为 FM9、FM7、
FM5、FM3、FM11、FM10、FM1。因此,系统的可靠性指标可由体系可靠性指标
$\beta$ 公式求得,为 4.886 8。通过窄界区间法求得的可靠性指标结果为(4.876 5,

4.877 8),最大误差为 4.48%～5.19%,结果精确度良好,满足工程实际要求。

　　同时通过分析发现,影响结构体系可靠度的薄弱环节为缆绳 L11～L14,以及 F1 和 F4 这两个靠球,因此在此种环境工况下,应注意在设计阶段进行改进或在运营阶段加强对薄弱环节的状态监测与故障诊断,以避免重大事故的发生。

　　因此,采用 PNET 法是通过识别最危险的失效模式组,对 11 个失效模式进行高效的简化,并利用简化的、假设相互独立的失效模式求解结构体系可靠性,而不是考虑所有失效模式。得到的结果与实际经验相符,这显示了 PNET 法对于具有繁多失效模式的海洋结构物系统可靠性分析所具备的应用前景,并且随着失效模式的增多,更能体现出其高效的优势。

　　此方法的误差在很大程度上来自相关系数阈值的确定,此阈值的制定决定着计算的准确度。相关系数阈值的确定受限于失效模式的数目和所需的工程计算可靠度。较高的阈值可靠性估计会因过于保守导致更多的失效模式流入最终的串联最弱失效模式组中,而且实际存在较强相关关系的两个失效模式将无法被归为一组,比如当阈值设为 0.9 时,那么阈值为 0.8 的两个失效模式的相关性将被忽略,造成计算量的上升,而且令最终的最弱失效模式组的互相独立假设变得不可靠。反过来,较小的阈值会过高地估计可靠性指标,当失效模式被单一的失效模式所代替,每组中的相关性并不十分明显,最弱失效组理论的应用将与实际不符。

　　针对上述问题,本节提出了聚类近似法(CA 法),系统可靠度结果对相关系数阈值不敏感,并且计算精度也得到提升。

## 5.3.4　基于聚类近似法的系统可靠性分析

　　通过对失效概率的大小排序,可见 FM1、FM10、FM11 这 3 个失效模式的失效概率极小,基本接近于 0(其中软钢臂 FM1 的失效概率约为 0,以下只考虑 10 个失效模式),所以基本与其余任一失效模式相互独立,各自作为一组。

　　分析本例中的相关系数矩阵,综合考虑计算精度与效率,这里取相关系数界值为 0.4,即小于 0.4 的失效模式为弱相关,并假设为独立的,界值的选取应避免在保证失效模式弱相关的基础上取得过小(如 0.3),取值过小会导致每组失效模式剧增进而造成计算量增大。

　　相关失效模式聚类过程如下:

（1）先对除 FM10、FM11 之外的 8 个失效模式的可靠度指标从小到大进行排序：FM9，FM8，FM7，FM6，FM5，FM3，FM4，FM2。

（2）然后从可靠度最低的失效模式 FM9 开始，找到与其相关系数大于 0.4 的失效模式 FM8，则第一个失效模式组为 FM9 和 FM8。已被分组的模式不再分入其他组。同理，继续取失效概率最大的失效模式 FM7，与其相关系数大于 0.4 的为 FM6。依此类推，得到系统的失效模式组，如表 5.5 所示，将 10 个失效模式简化为 6 个组。

通过近似算法式(5-21)，得到每组的失效概率，如表 5.5 所示。此方法下的分组结果清晰地显示了失效模式可靠性依次升高的趋势，第一组的两个失效模式其本身失效概率最大且相关系数最高，为系统最薄弱环节。对于存在相关性的失效模式来说，组的可靠性指标比组内最危险成员的小是合理的，这比在 PNET 法中选择最弱失效模式替代的误差要小。

表 5.5 失效模式组的失效概率与可靠性指标

| FM 聚类 | (9,8) | (7,6) | (5,4) | (3,2) | (11) | (10) |
|---|---|---|---|---|---|---|
| 失效概率 | 5.04E−07 | 3.38E−08 | 6.22E−16 | 5.21E−17 | 2.09E−30 | 6.06E−48 |
| $\beta$ | 4.889 997 | 5.397 400 | 7.999 990 | 8.299 999 | 11.400 000 | 14.500 00 |

同时给出了利用不同方法计算"彼此相关的类"的失效概率结果，见表 5.6。

表 5.6 各失效模式组的失效概率结果比较

| FM 聚类 | 窄界区间[131] | PNET 法 | 聚类近似法 | 独立假设算法 |
|---|---|---|---|---|
| (9,8) | (5.062 10E−07, 5.026 39E−07) | 4.79E−07 | 5.04E−07 | 5.13E−07 |
| (7,6) | (3.380 05E−08, 3.380 05E−08) | 3.33E−08 | 3.38E−08 | 3.39E−08 |
| (5,4) | (6.221 41E−16, 6.221 41E−16) | 6.22E−16 | 6.22E−16 | 6.22E−16 |
| (3,2) | (5.205 61E−17, 5.205 61E−17) | 5.21E−17 | 5.21E−17 | 5.21E−17 |

采用聚类近似法求得的相关度结果 $r_{98} = 0.249\ 7$，$r_{76} = 0.094\ 8$，$r_{54} = 0.011\ 5$，$r_{32} = 0.006\ 7$。由于此例中的失效模式可靠性指标均大于 3.0，并且部分失效概率较小，(FM5，FM4)和(FM3，FM2)的窄界区间已趋于定值，但不影响分析此方法的精度。采用聚类近似法计算的失效概率在窄界区间内；采用 PNET 法计算的结果小于窄界区间下界，由于假设组内失效模式完全相

关,因此这种做法的失效概率偏低;独立性算法假设可能为较强相关的失效模式相互独立,过于保守。

基于聚类近似法应用式(5-22),计算得到FPSO旁靠系统结构体系可靠性结果,并与其他几种方法进行了比较,结果如表5.7所示。

系统可靠性指标为4.878 2,远大于3.0,所以系缆系统可以安全运行。通过不同方法下计算结果的对比可知:PNET法的计算结果小于窄界区间下限,其虽然落在宽界限内(失效概率上限为完全独立,下限为完全相关),但过于乐观,较窄界区间边界的误差大小范围为4.48%~5.19%,聚类近似法的结果落在窄区间内,并且相对于窄区间边界的最大误差约为0.31%,精度约为99.69%,接近理论值。聚类近似法在考虑了失效模式间实际相关程度的情况下保证了精度,同时精炼简化了计算过程,适用于实际工程中的较复杂结构体系可靠性分析。

**表5.7 旁靠系统结构体系可靠性指标与失效概率结果比较**

|  | 聚类近似法 | PNET法 | 宽区间法 | 窄界区间法[131] |
|---|---|---|---|---|
| $\beta$ | 4.877 2 | 4.886 8 | (4.874 2, 4.900 0) | (4.876 5, 4.877 8) |
| 失效概率 | 5.38E−07 | 5.12E−07 | (4.79E−07, 5.46E−07) | (5.36E−07, 5.40E−07) |

但是,在失效模式异常繁多时,为了提高工程分析效率,在精度方面不做过高要求,也可选择PNET法。综上,PNET法和聚类近似法各有所长,可根据实际情况采用合适的方法,以最大限度地满足工程需求。

同理,因为聚类近似法的精度较高,故利用聚类近似法对在10种典型工况下FPSO旁靠系泊系统的可靠性指标进行了计算。环境参数如表5.8所示,EC代表环境条件,LC代表装载情况。选取两种典型装载情况:①LC1代表FPSO压载,而油轮满载;②LC2代表FPSO满载,而油轮压载。

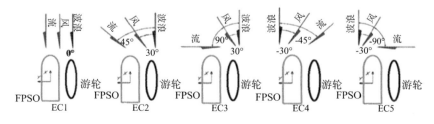

**图5.11 5种环境方向示意图**

表 5.8　一年一遇的 5 种典型海况

| 环境组合编号 | 有义波高（m） | 谱峰周期（s） | 表面流速（m/s） | 1 小时平均风速(m/s) | 谱升因子 |
|---|---|---|---|---|---|
| EC 1 | 2.50 | 7.9 | 0.60 | 18.00 | 1.96 |
| EC 2 | 3.00 | 7.9 | 1.34 | 18.00 | 1.96 |
| EC 3 | 4.00 | 7.0 | 1.34 | 18.00 | 1.96 |
| EC 4 | 2.50 | 7.9 | 0.60 | 18.00 | 1.96 |
| EC 5 | 2.50 | 7.9 | 0.50 | 18.00 | 1.96 |

从总体上看,EC3、EC4、EC5 环境条件下的安全作业性比 EC1、EC2 两种环境条件下的高。也就是说,风浪流方向为 0°&0°&0° 和 0°&30°&45° 的情况对于输油作业而言是相对危险的,这与实际船厂调研的结果较吻合。因此,在本例条件下,应尽量避免这两种环境条件下的输油作业,同时应特别关注 FPSO 满载、油轮压载的情况。

EC2&LC2 的可靠性指标小于 3.0,是不满足作业条件的,对此工况应实施适当的加强防护措施。由于 FM8 的可靠性指标已经小于 3.0,而其包含的构件有 H-7、H-8 和 F-1,所以需要重点关注相应的缆绳 L11、L12 和靠球 F-1,可以选择在危险环境条件下,额外加缆绳或其他防护措施,系统可靠性指标在其他工况中已超出 3.0,所以不需要加强所有缆绳或靠球的刚度,这是出于考虑到整体提升缆绳刚度将大大提高成本。

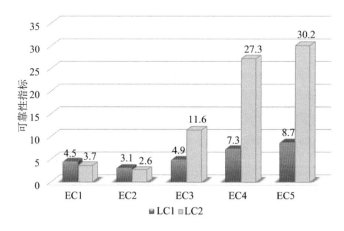

图 5.12　10 种不同工况下的系统可靠性指标

基于此仿真监测数据的输入,进行系统可靠性的分析,找到了危险的 FPSO 旁靠输油作业工况,也识别了每种工况下可靠性较低的构件。由此可以对监测系统的监测策略给出依据,比如对于可靠性较低的构件加强其传感器的可靠性,建立起传感器数据的恢复频道,并实现可靠的故障诊断,以预防重大事故的发生。

本章所提出的考虑相关性的系统可靠性分析方法适用于系统的失效模式较多且失效模式间具有相关性,这种相关性可以利用相关系数表达,直接计算系统可靠性较为困难的情况之下。

## 5.4　本章小结

本章中,考虑相关性的系统可靠性的计算方法针对"现有近似方法的计算结果超出窄界区间"的问题,提出了聚类近似法,此方法适用于失效模式众多情形下的系统可靠度计算。考虑组内的相关性,利用相关度对每组的联合失效概率进行了近似计算,组外选取较低的相关系数临界值,实现组间的近似独立性,由此简化了失效模式的数目与计算过程。以 FPSO 旁靠输油系泊系统为例,将 11 个失效模式简化为 6 个失效模式组,可靠度结果的精度约为99.69%,接近理论值,因此基于聚类近似法计算的可靠性结果可以为系统可靠性设计、优化提供重要依据。此方法对于由其他具有交变应力的结构构件(如锚链线、纵桁、横梁等)组成的系泊、结构框架等也同样适用。在实际的海洋结构系统设计阶段,适用于对系统可靠性水平进行预估,对不同设计方案进行对比和选择,对系统的可靠性设计执行高效优化。而在海洋结构物系统的运行阶段,适用于实时诊断结构系统的可靠性,并提前作出危险预警,提高系统的安全性。

# 第6章

## 考虑动态性的系统可靠性分析方法

## 6.1 引言

  根据第2章对可靠性数据特性的分析,海洋结构物系统可靠性不仅要考虑相关性因素,还应考虑动态性因素,即失效模式间的时间相关、存在备件、功能相关等动态关系。

  相关性可采用相关系数表示,而动态性的分析并没有合适的表征变量,因此通常采用图形化的可靠性模型对动态特性加以描述。可靠性模型的选择密切影响着系统动态可靠性分析的结果。可靠性框图、马尔可夫模型和故障树是常见的可靠性模型。可靠性框图是一项视觉技术,其可以用来表示系统部件的逻辑关系,但无法考虑系统的某些状态,如组件之间的依赖关系、可修复组件、覆盖因素、多状态、动态性等。马尔可夫模型可解决以上这些问题,通过状态的转移可以描述动态失效,但是对于庞大复杂的系统,马尔可夫模型可能会变得非常复杂。障树分析(FTA)则通过多样化的解法巧妙地回避了马尔可夫模型的问题。FTA是分析可靠性和安全性的一种有前景、有效的方法。定性FTA可以搜索故障模式和薄弱环节,定量评估允许在任意时间显示系统的可靠性,以提供维护策略的参考,因此FTA是一种多阶段的、灵活的分析方法。动态故障树方法通过引入动态逻辑门,可以对动态失效进行模拟并定性定量分析系统的可靠性,其灵活性和通用性较强。综上,本章主要研究基于动态故障树的海洋结构物系统可靠性分析方法。

  动态故障树方法的研究重点在于动态特性的识别、模型的建立、数据的收集、定性定量分析结果。可靠性数据的收集对可靠性分析的准确性具有较大影响。第5章介绍了利用监测方法获取可靠性数据的系统可靠性分析的实例,但是可靠性数据不只来源于监测方法,还可以通过其他方法获得。本章为了验证经由多种数据获取的融合方法在动态系统可靠性分析中的应用效果,尤其是验证第 2 章提出的类比、修正方法的应用效果,选取了监测数据、历史数据缺乏的新型海洋工程系统——浮式风机为研究对象,进行动态系统可靠性研究。

## 6.2　海洋结构物中的动态失效识别

动态性几乎存在于所有现代的大型复杂系统之中。系统可靠性受很多因素的影响,比如系统的构件配置、控制活动、系统内在构件间动力、系统外在环境的作用等,系统、子系统的行为随时间的演化而改变,而且这种演化带有一定的随机性。具有动态失效性的系统不只需要考虑元件、失效模式间的逻辑关系,同时应该考虑失效的顺序、失效的条件、系统的先前状态[142]。

动态海洋结构物系统可靠性分析的特点如下:

(1) 失效数据源多样

海洋结构物系统涉及的领域较广,包括海洋浮式结构、管网、电气、机械等方面,可靠性数据的获取需对不同领域进行数据的采集,在数据收集整理时应特别关注数据间的动态特性。同时,随着海洋工程的持续探索和发展,已从原来的海洋采油、钻井平台等领域延伸到海上风力发电、海洋大型移动平台。新研发系统数据源的获取并没有可参考的实例与数据,动态关系的识别还需进一步开展研究。

(2) 功能繁多,规模巨大

随着科学技术的发展,海洋工程系统的规模越来越大,智能化程度越来越高。在分析系统的可靠性时,对系统零件间动态关系的考虑导致系统的状态迅速增多,若利用可靠性模型求解,容易产生"状态爆炸"现象。以 FPSO 为例,其包括原油处理系统、输油系统、生活系统等,是一个具有多种功能的船型海上移动平台,其规模庞大,系统间、零件间相关关系错综复杂,无法用常用逻辑关系来模拟。

(3) 结构复杂,相互依赖,时序相关

动态海洋工程系统所处的水动力学环境及其结构配置较为复杂。为了达到高可靠性的目的,系统常采用容错设计,这便进一步提升了系统的复杂性。随着对系统无故障时间、系统性能、可靠性、安全性需求的不断提高,失效模式、元件间相关性也大大提升。各系统之间相互渗入,使得故障的定位也较为困难,比如,液压系统、控制系统、机械系统、电气系统,这几个系统相互关联,较难分辨出明显的任务界面,给可靠性模型的建立带来困难。动态失效的最大区别是需要考虑失效的先后顺序。不论是系统可靠性的定性还是定量分析,都具有时序特征。几种动态特点,在故障动态性识别、逻辑分析、定量分析方面都给可靠性模型的建立和求解带来更高的挑战[142]。

各类海洋工程系统的动态性在实际工程中是确切存在的。首先,受到环境的影响,海洋工程构件处于同一水域中,承受着海洋载荷、温度、湿度等的变化,具有较高的相关性。海洋工程系统构成复杂,是由控制系统、监测系统、强力结构等构成的,相互之间协同作业,表现出顺序性、功能相关性、备件等特点。

备件是比较容易鉴别的,比如海上风机的偏航系统需要电池设备提供动力,偏航系统的可靠性直接决定着风机的转向是否处在最合适的位置,一般配置一个备用电池,由于海上风机不可能通过人工现场操作,因此原件与备用件的切换一般是通过触发开关来完成的。另外,FPSO 的原油处理系统需要大量的电力,所以甲板上一般配置 4 台发电设备,备用设备的转换可经过人员检测、确定故障后通过现场操作来完成,也可通过自动转换机制完成。

顺序失效也经常发生。比如,某零件具有备件可以自动转换开关,但当零件失效的触发开关失效,则备件也无法使用,这个过程将导致此系统不能正常工作。反之,如果主零件先失效,此时触发开关正常,则备件开始工作,若触发开关再失效,也不会影响系统的状态。

# 6.3 动态故障树方法

故障树分析是一项十分有用的系统可靠性建模技术,可以清晰地显示输入事件和输出事件的逻辑关系。根据故障树分析,可以很容易地识别导致故障的原因并估计系统的可靠性信息。在静态故障树中,"或门"和"与门"常被用来描述故障情况。在一个静态故障树中,失效由基于布尔代数的最小割集表示。由于动态故障树的分析方法同样要采用静态故障树的方法,所以首先对静态故障树理论进行简要介绍。图 6.1 为故障树的示意图。

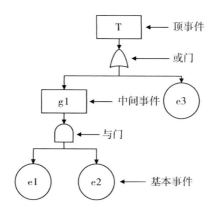

**图 6.1　故障树结构示意图**

故障树是通过给出顶事件并逐层寻找造成顶事件发生的所有原因,向下追溯直到所需层级的方法,最底层的事件被称为基本事件或底事件。下层事件与上层事件之间存在不同的逻辑关系,如与、或等关系。定性分析,是找到造成顶事件发生的所有底事件的最小集合,称为最小割集;定量分析,是通过最小割集的串联组合关系,求得顶事件发生的概率。在此过程中,还可定量分析一个底事件的发生对顶事件发生的贡献程度,即底事件重要度[142,143]。

### 6.3.1　故障树事件及动态逻辑门

在故障树中,元部件及子系统的失效状态由事件来描述,表 6.1 给出了故障树中的事件表示方式。

**表 6.1　故障树常用事件及其符号**

| 名称 | 符号 | 说明 |
| --- | --- | --- |
| 基本事件<br>(底事件) | （椭圆） | 最底层的事件,其故障分布是已知的,是导致其他层级事件发生的根本原因 |
| 未展开事件 | （菱形） | 可继续展开,但此处未展开或无法探其原因的事件 |
| 顶事件 | （矩形） | 所研究的最终结果事件,位于顶层 |

| 名称 | 符号 | 说明 |
|------|------|------|
| 中间事件 | | 处于顶事件和底事件之间的层级的事件 |
| 出三角形 | | 位于顶端,表示该故障树是主树的某子树,另外绘制 |
| 入三角形 | | 位于底层,表示故障树分支在别处绘制 |

　　在故障树中,采用逻辑门描述事件之间的关系,逻辑门与事件构成完整的故障树,最基本的逻辑门是"或门"和"与门",通过基本逻辑门,可构建其他逻辑门,表6.2给出了常用逻辑门及表示形式。

表 6.2　逻辑门及其符号

| 名称 | 符号 | 说明 |
|------|------|------|
| 与门 | | 上级事件发生条件是,所有输入事件均发生 |
| 或门 | | 上级事件发生条件是,任一输入事件发生 |
| 异或门 | $x_1$　$x_2$ | 上级事件发生条件是,任一输入事件的发生,而两输入不同时发生 |
| 禁止门 | | 上级事件发生条件是,当给定条件满足时,输入事件发生 |

　　通过故障树的基本符号可以看出,故障树是将事件以逻辑门相连形成的逻辑关系树形图。动态故障树是具有动态逻辑门的树,下面对动态逻辑门进行介绍。

在动态故障树中,顺序相关门、优先与门、功能相关门和备件门可以用来描述动态故障树中的多种故障模式,图形表示如图 6.2 所示。动态故障树通常由静态门和动态门组成。动态门的独特功能是描述复杂系统中的相互关系,这种关系无法用静态门来实现[66,142]。

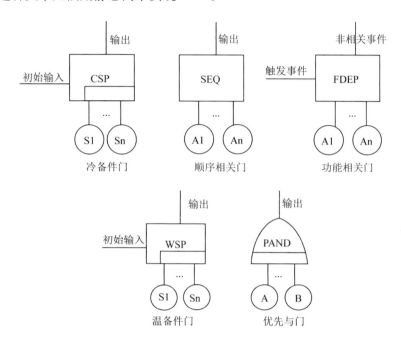

**图 6.2　动态逻辑门图示**

- 顺序相关门(SEQ)

顺序相关门可以具有多个底事件,并按照一定的先后顺序发生,并且最终都发生,即激活顶事件的发生。

- 优先与门(PAND)

优先与门描述的是两个事件需要确定的发生先后顺序且都发生才能激活上级事件的发生。

- 功能相关门(FDEP)

功能相关门存在激励事件和被激励事件,当激励事件发生时,被激励事件会无法正常工作或者立刻失效[142]。

- 备件门和公用备件池(SP)

冷备件是指系统具有一个或多个备件,并且在使用之前不会失效。冷备件门的输入事件包括两种类型:一种为基本输入,在开始时就进入工作状态;

另一种为可选的输入,开始不工作,只有基本输入故障以后才开始工作。

温备件门表示备件在使用之前有可能失效,不过此失效率为备状态时的失效率,不同于工作状态时的失效率。温备件在基本事件前后都可能失效。

在对可靠性和安全性要求比较高的系统中,要求备件也从开始就工作,即热备件。热备件门同时具备两种情况:一种为基本输入先失效;另一种为热备件先失效。

公用备件池是指具有多个备件的冗余配置,这些备件有可能是冷备件、温备件及热备件。当基本输入是发生故障时,则将系统备件切换为工作状态,代替失效的基本事件。

动态故障树的本质是一种可靠性分析的直观模型,需要利用基本的可靠性分析理论来求解。这里最常用的是马尔可夫法、贝叶斯网络法、Petri 网、蒙特卡洛法。前三种方法都需要将动态故障树转化为另一种网络,对于大型系统来说,过程较为复杂;蒙特卡洛法的精度主要取决于仿真次数,仿真次数越多,精度越高,对于构件繁多的系统来说,花费的计算成本、时间成本较高[66]。动态逻辑门的计算可以用近似方法,不需转化为其他图状模型[144,145]。

• 优先与门(PAND)

如果 $E_1,\ldots,E_k$ 按此顺序出现,则 SEQ 事件将被触发。当只有两个事件时,此门将变成优先与门(PAND)。

$$PAND\,(E_1,E_2)=(E_1,E_2) \tag{6-1}$$

优先与门有两个输入事件。输入事件 1 发生时间 $T_1$ 的分布为 $G_1(t)$,输入事件 2 发生时间 $T_2$ 的分布为 $G_2(t)$。输出事件发生时间 $T$ 的分布 $G(t)$ 可表示如下:

$$G(t) = P\{T_1 \leqslant T_2 \leqslant t\} = \int_{x_1=0}^{t}\int_{x_2=x_1}^{t} \mathrm{d}\,G_2(x_2)\mathrm{d}\,G_1(x_1) =$$

$$\int_{x_1=0}^{t}[G_2(t)-G_2(x_1)]\mathrm{d}\,G_1(x_1) \approx \sum_{i=1}^{M}\{G_1(ih)-G_1[(i-1)h]\}[G_2(t)-G_2(ih)] \tag{6-2}$$

• 功能相关门(FDEP)

设触发条件发生时间 $T_1$ 的分布为 $G_1(t)$,基本输入发生时间 $T_2$ 的分布为 $G_2(t)$,则有

$$G(t) = P\{\min(T_1, T_2) \leqslant t\} = 1 - [1 - G_1(t)][1 - G_2(t)]$$

$$= G_1(t) + G_2(t) - G_1(t)G_2(t) \tag{6-3}$$

• 温备件门（WSP）

设主件故障时间 $T_1$ 的分布为 $G_1(t)$，温备件故障时间 $T_2$ 的分布为 $G_2(t)$，则有

$$G(t) = P\{\max(T_1, T_2) \leqslant t\} = 1 - P\{\max(T_1, T_2) > t\}$$

$$= 1 - (P\{T_1 > t\} + P\{T_1 \leqslant t\}P\{\max(T_1, T_2) > t\} \mid T_1 \leqslant t)$$

$$\approx G_1(t) \sum_{i=1}^{M} [1 - G_2(ih)] G_1(t - ih)\{G_1(ih) - [G_1(i-1)h]\} \tag{6-4}$$

• 热备件门（HSP）

设主件故障时间 $T_1$ 的分布为 $G_1(t)$，热备件故障时间 $T_2$ 的分布为 $G_2(t)$，则有

$$G(t) = P\{\max(T_1, T_2) \leqslant t\} = G_1(t)G_2(t) \tag{6-5}$$

• 冷备件门（CSP）

当主要输入正常工作时，备用输入处于待机状态。当主要输入失效时，可用的备用输入按顺序被使用，直到没有剩余的备用输入，此时冷备件门失效。备用门可以共享备件，在这种情况下，第一个使用备件的备件门使备件无法被输入到其他备用门。

设主要输入失效时间 $T_1$ 的分布为 $G_1(t)$，冷备件失效时间 $T_2$ 的分布为 $G_2(t)$，则 $G(t)$ 的表达式如下

$$G(t) = P\{T_1 + T_2 \leqslant t\} = \int_{y=0}^{t} \int_{x=0}^{y} G_1(x) G_2(y - x) \mathrm{d}x \mathrm{d}y$$

$$\approx \sum_{i_1=1}^{M} \Big[ \sum_{i_2=1}^{i_1} G_1(i_2 h) G_2(i_1 - i_2) \Big] h^2 \tag{6-6}$$

求解最小割集的常用方法是下行法和上行法，参考刘东[66]的文献，这里不进行详细叙述。在动态故障树中，因为有时序的关系，因此得到的割集中存在最小割序集，即在最小割集中限定了某些事件的先后发生顺序[66]。

## 6.3.2　基于结构、功能的系统分级方法

由于动态故障树存在复杂的动态关系，所以建立动态故障树需要了解产

品背景、确定顶事件、逐级失效原因、动态逻辑门、基本事件、规范和简化的过程等。

各种单元或模块存在耦合,不易直接获取独立而准确的故障模式及其可靠度。为了研究海洋工程系统的构成形式,可依据复杂系统结构布局和功能关联关系,从结构和功能两个角度进行分级。将系统由高到低分层细化为系统、子系统、子子系统、设备等,直至最低的维修单元,清晰界定系统的层次、各元素级别及设备间的关联,以降低浮式风机系统的层次复杂性,并构建系统的树状层次结构,即系统的设备树。元件聚类应满足"组内紧聚合、组外松耦合"的原则进行划分,这是一个复杂的、多影响因素的综合过程[146]。基于结构和功能两方面的系统分级不仅有利于了解目标系统的背景,包括原理、运行流程、故障模式的辨识,而且通过结构、功能两方面的双重分析,对于确定部件之间动态逻辑关系的表征提供重要信息,有利于更加快捷地确定动态逻辑门。

## 6.4 考虑动态的系统可靠性分析实例

本章以浮式风机(Floating Offshore Wind Turbine,FOWT)为例研究其系统动态可靠性。浮式风机系统包括了电气、控制、机械、结构、系泊等多种系统,其中存在的动态失效对其可靠性分析具有重大影响。以往的研究工作主要集中在陆上风机方面,针对浮式风机系统开展全面的系统可靠性研究并不多。浮式海上风力发电机组的概念在20世纪90年代被首次采用,目前仍属于新型设备,还处于样本试验阶段,真正投入工程应用的非常少,因此监测数据、历史数据严重缺乏。这里研究的浮式风机可靠性计算并不针对特定型号、特定海域,即总体统计的结果。

浮式风电系统的系统可靠性分析是必要的。一方面,浮式风机通常设计在较深海域运营,由于远离陆地,因此系统维护成本过高,用于维修的辅助船与维修人员成本巨大,同时受制于环境的影响,不易维护。基于可靠性的设计对于减少FOWT的停机时间和维护成本有重大参考作用。另一方面,传统的FOWT设计不一定是可靠的,因为其主要聚焦于结构强度的要求。基于结构强度的设计其可靠性并不一定满足要求,主要原因如下:(1)数值模拟中对极端海况的波浪预测存在偏差;(2)FOWT系泊系统的运动和应力响应非线性引起的预测不确定性[147-150]。

近年来,学者分析了多年来陆上风力发电系统的可靠性。Arabian-Hoseynabadi 等[151]对完整的 2 MW 风力发电机进行了全面的 FMEA 分析,并筛选出了 10 种最常见的故障模式和根本原因。Márquez[152]描述了风机的不同维护策略、状态监测技术和方法。他们通过故障树定性分析了风机的故障模式。Pérez 等[153]比较了世界各地不同类型风机的故障率和停机时间,并得出结论,不同研究中一些部件的故障率结构变化不大,如轮毂、发电机、传感器、刹车和结构。Ribrant 等[154]和 Pérez 等[153]总结出,与风机中其他部件相比,变速箱的故障停机时间较长,风机规模越大故障率越高。Chou 等[155]总结了世界范围内风机塔筒倒塌的历史事故及其原因。

学者也对海上固定式风机的可靠性进行了分析。Dai 等[156]认为,海上风机和服务船之间的碰撞即使在低速下也可能会对风机造成结构性破坏。白旭等[157]基于灰色预测模型对塔架结构强风况下的应力水平进行预测,计算了塔架的结构承载能力。Hameed 等[158]概述了海上风机可靠性和可维护性数据收集的潜在挑战和问题。由于海上作业人员的经验较少,有必要收集现有模型的信息以确保可靠性。

浮动风力发电设备在成本和安全性方面也受到越来越多的重视。Laura 和 Vicente[159]等提出,所有类型的浮动平台的主要成本均与制造、维护和安装有关。Myhr 等[160]对几种类型的 FOWT 能量平准化成本(LCOE)进行了综合分析和比较。另有 Zhang 等[161]分析了 FOWT 的动态性能,并进行了优化设计。

## 6.4.1　基于功能、结构的模块化分级

在风机实现由风能转化为机械能、再由机械能转化为电能的过程中,各种模块之间相互作用、相互辅助、组合装配。从结构组成的角度来说,结构部件之间以一定的准则进行装配,并互相传递运动和载荷,如叶片受到的风压要通过轮毂传递到塔架和浮式基础,浮式基础的运动会影响塔架和风机部分的运动形式。从功能的角度来说,各功能模块是相辅相成的,如控制系统要接收传感器的信号,再发布命令,控制其他功能模块的运行[162]。根据结构层次和功能相关性,FOWT 的系统分级如下。

（1）基于功能的系统划分

浮式风电设备工作原理:接收风能的设备是叶片,接收风能的过程涉及寻找最大风能的问题,需要偏航装置来进行调向,需要变桨装置来调节叶片

的桨距,其中需要控制系统接收风向标的信号,反馈给控制系统,控制装置的调节。当风机转到相应正确的位置时,制动装置对风机起到刹车作用。风轮接收到转动的机械能,然后把机械能传递给发电机,一套主轴系统(及变速箱)调整到合适的转速用于发电,同时可将转速转化为稳定的转速。发电机进行发电,为了降低温度,需要有冷却系统。水平轴浮式风力机由塔筒支持,塔筒底部需要浮式基础,又需锚链线将浮式基础与海底固定。根据 FOWT 的工作原理(见图 6.3),将系统按功能划分为能量接收/传输/转换系统、控制系统、支撑系统和辅助系统,如图 6.4 所示[163]。

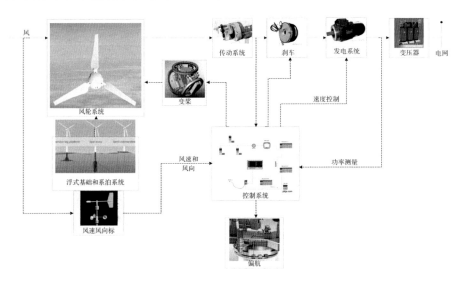

**图 6.3 浮式风机的原理示意图**[163]

a. 能量接收/传输/转换系统

这一模块是风机实现功能的核心模块。在海洋环境中,叶片易因受盐雾腐蚀和振动损伤的影响而损伤,严重的叶片损伤可能会导致空隙、裂缝,甚至断裂。在长时间的运行过程中,若未进行及时的检测和维护,叶片质量将持续下降,系统将面临较大风险。轮毂故障的主要原因有疲劳、磨损和不平衡。传动系统的主要风险是振动、主轴/螺栓损坏、高速联轴器损坏、轴系轴承过热。对于变速箱而言,可以从齿轮的疲劳/断裂、轴承故障、轴弯曲、冷却系统故障等方面定位故障原因。发电机故障一般有转速异常、温度过高、轴承损坏、定子绝缘损坏、转弯短路电路故障、集电环故障等。传输系统和发电机的故障可能会降低发电机的效率,在这种情况下,大大降低了电力企业获得的

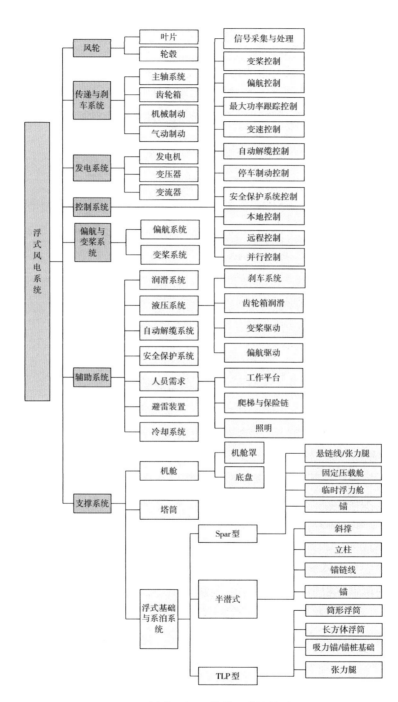

**图 6.4　浮式风机系统基于功能的划分**

利润投资比。

b. 控制系统

控制系统是 FOWT 中的重要部分,主要功能包括变桨、偏航、变速等的控制,还包括其他方面的控制。其主要故障原因是反馈错误、应用错误、时间错误、记录错误、电池故障、温度控制柜故障和传感器故障等。控制系统环路中的任何通信链路故障都会导致系统运行错误。

c. 支撑系统

支持系统包括机械支撑部件,如机舱、底盘、塔架、浮动基础和系泊系统。其主要失效模式为疲劳、腐蚀、焊接裂纹和船体碰撞损伤。在极端的海况下,浮动基础、系泊线和塔架剧烈振动,使上部风机不稳定。甚至可能发生严重事故,例如塔架断裂、系泊系统故障和叶片损坏。

d. 辅助系统

辅助系统可为特定元件或模块提供辅助,包括冷却、润滑、避雷、安全保护等功能。当润滑系统或冷却系统发生故障时,会发生齿轮过热、短路,甚至火灾。如果防雷模块出现故障,FOWT 系统的组件可能会因被雷击而烧毁,造成严重的经济损失。液压系统的故障模式主要有液压压力误差、温度误差、液压泵超时、低油位、电机故障、高速制动故障压力,以及过滤器主要载荷的增加。人员辅助设备是指工作台、梯子/安全链、照明设备等,这些设备的故障可能会延迟检测和维护的时间,严重情况下甚至会造成人员伤亡[162]。

(2)基于结构的系统划分

基于结构的系统分级可确保整个系统的空间完整性,可保持结构的连续性并确定失效原因,为可靠性分析奠定基础。FOWT 系统按结构可分为风力机、塔筒、浮式基础和系泊系统 4 个部分,如图 6.5 所示。

a. 风力机

选择变桨距风机作为研究对象。3 个叶片受各自驱动程序的调整,以获得最大的功率。根据对相关材料的调研发现,发动机舱的内部结构关键而复杂,故障率高。在机舱中,一般控制系统、叶片/变桨和齿轮的故障率是最高的[153]。

b. 塔筒

塔筒的失效主要发生在法兰螺栓和焊接区域。塔筒出现故障将造成严重后果,例如塔筒倒塌,最终风机会沉没,经济损失严重。关于大型风机塔筒倒塌的失效分析和风险管理的详细研究可参考 Chou 和 Tu 的文献[155]。

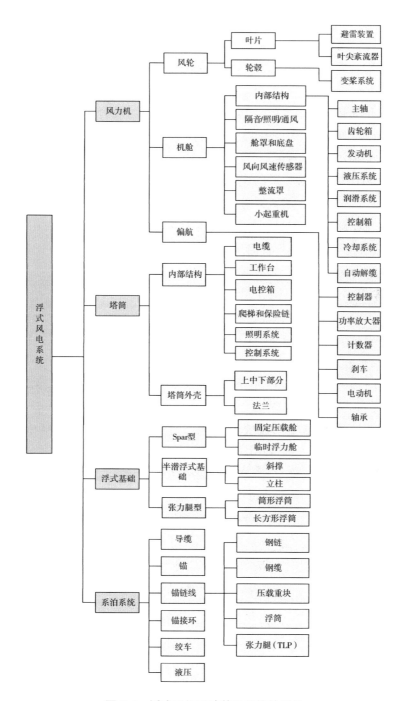

图 6.5　浮式风机系统基于结构的划分

### c. 浮式基础结构和系泊系统

由于不同类型的浮式基础一般有其相应的系泊系统,所以将这两个模块作为整体进行说明。浮式基础结构类似于海洋油气平台的基础结构。主要类型有 Spar 平台、张力腿平台(TLP)和半潜式平台。半潜式平台 FOWT 的整体风险是 3 种浮式平台中最低的。当固定锚点失效时,半潜式平台仍能保持漂浮。Spar 平台的操作风险是最低的,Spar 的重心比浮心低得多,即使在锚被损坏的情况下,也能存活。虽然存在触碰礁石搁浅或滑动的风险,但 Spar 不太可能整体翻覆。TLP 平台,如果采用实心钢筋腱和垂直锚,在安装过程中和极端天气下可将风险控制在较低水平。

浮式基础部分的断裂将导致上部结构的不平衡与不平稳。浮式基础又与系泊系统相连接,起到承上启下的作用。浮式基础与系泊系统任一模块的失效将令整个系统陷于严重风险中[162,164]。

## 6.4.2  故障树建立

FOWT 系统的动态故障树采用了动态逻辑门优先与门和冷备件门。基于系统分级,分别建立了以 4 个结构模块失效为顶事件的故障树,如图 6.6～图6.11 所示。本章方法基于以下假设:分析子系统可靠性时,忽略其与其他子系统间的相关性。

首先建立风力机(WT)模块的故障树。图 6.6 给出了 WT 模块故障的故障树。一旦 W1～W12 这 12 个事件中的任何一个失效,顶事件便会发生故障。因此,利用"或"门将 12 个事件与顶事件连接起来。如图 6.7 所示,蓄电池为外部电源的冷备件,应用冷备件门来描述它们之间的关系。"无法启动"和"正常启动但运行错误"是导致发电机故障的两个可能原因,见图 6.8。这两个事件不可能同时发生,故采用异或门(XOR gate)来描述这种关系。

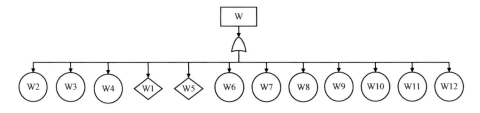

**图 6.6  风力机模块的故障树**

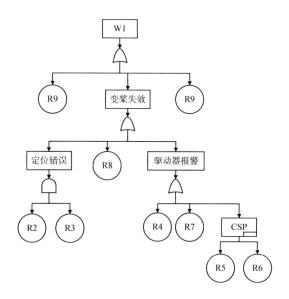

**图 6.7　风轮系统的故障树**

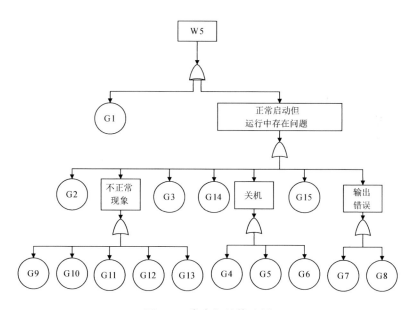

**图 6.8　发电机的故障树**

图 6.9 给出了塔筒模块故障的故障树,其考虑了海况对塔筒的影响。T1～T10 这 10 个事件中的任何一个失效都会触发塔筒的故障,使用"或"门连接。

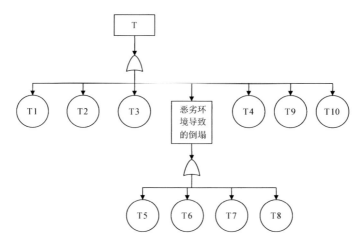

**图 6.9  塔筒的故障树**

图 6.10 表示半潜式基础的故障树,主要有 4 个失效模式:水密性差、支柱损坏、坠物撞击及倾覆。

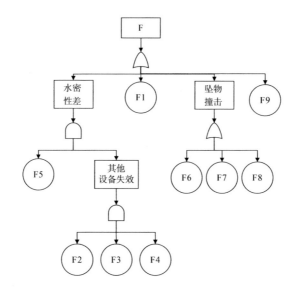

**图 6.10  半潜式浮式基础的故障树**

图 6.11 表示系泊系统故障的故障树。天气和环境控制误差有两个输入事件:不可接受的海况和突发情况下紧急措施不足。当左侧事件在右侧事件之前(或同时)发生时,输出事件发生,用顺序门表示。同理,在系泊线磨损和其输入事件——无效维护和累积磨损之间,也采用了顺序门。

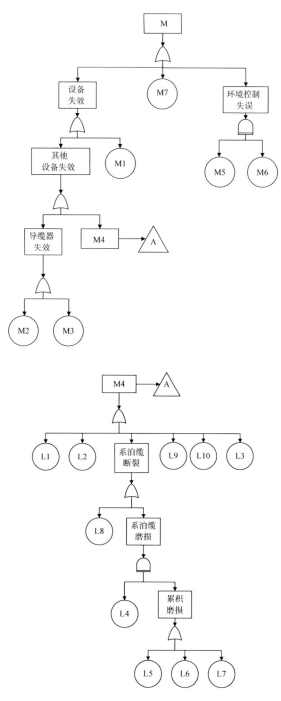

**图 6.11   系泊系统的故障树**

### 6.4.3 基于多方法融合的可靠性数据获取

基于动态故障树方法的系统可靠性计算结果可靠与否,取决于建树的可靠性与底事件数据的可靠性。底事件历史故障数据是基于动态定量 FTA 实现系统可靠性分析的必要因素。浮式 WT 的风机模块与陆地风机设备并没有本质上的区别。以其他海上结构物的失效案例为参照,可预估 FOWT 的浮式基础和系泊系统的失效数据。因此,可根据第 2 章所述的数据获取方法进行失效数据的综合获取:通过审查参考文献[115-116]和[165,166]来总结陆上风机的失效率,同时相关报告(GWEC[167])和数据库(OREDA[168])也为 FOWT 的数据收集提供参考。在此基础上,进行分析、归纳和修正。

收集 FOWT 中的风机组模块和塔筒模块的故障数据,参考陆上风机的故障数据。通过对海上结构失效案例的整合,估算出 FOWT 浮式基础和系泊系统的失效数据。大多数失效数据来源于 OREDA 及一些相关的参考文献[151-156]和[165,166]。针对得不到的失效率则引入专家判断法。这里假设系统处于浴盆曲线中的盆底部分,即失效率是恒定的,失效分布服从指数分布。表 6.2 显示了 4 个结构模块故障树中底事件的失效率。为了叙述方便,底事件用相应代码来表示。

**表 6.2　FOWT 4 个结构模块故障树中基本事件的失效率和代码**

| 风机 | | | 风电系统 | | | 发电机 | | |
|---|---|---|---|---|---|---|---|---|
| 事件编号 | 基本事件或未发展事件 | 失效率 | 事件编号 | 基本事件或未发展事件 | 失效率 | 事件编号 | 基本事件或未发展事件 | 失效率 |
| W1 | 风轮系统故障 | 3.94E−05 | R1 | 轮毂故障 | 3.00E−06 | G1 | 无法启动 | 1.60E−06 |
| W2 | 轴承或轴失效 | 8.00E−06 | R2 | 编码器1失效 | 1.10E−05 | G2 | 结构缺陷 | 1.40E−06 |
| W3 | 变速箱故障 | 1.00E−05 | R3 | 编码器2失效 | 1.10E−05 | G3 | 无法同步 | 2.58E−07 |
| W4 | 制动系统故障 | 1.00E−05 | R4 | 防雷系统失效 | 1.00E−05 | G4 | 无法按需停止 | 1.00E−06 |
| W5 | 发电机故障 | 1.27E−05 | R5 | 电源1故障 | 5.70E−05 | G5 | 假停机 | 2.20E−06 |
| W6 | 传感器故障 | 9.00E−06 | R6 | 电源2故障 | 5.70E−05 | G6 | 击穿 | 1.60E−06 |
| W7 | 偏航失效 | 1.60E−05 | R7 | 限位开关失效 | 1.00E−05 | G7 | 输出过低 | 4.00E−07 |

续表

| 风机 | | | 风电系统 | | | 发电机 | | |
|:---:|:---:|:---:|:---:|:---:|:---:|:---:|:---:|:---:|
| 事件编号 | 基本事件或未发展事件 | 失效率 | 事件编号 | 基本事件或未发展事件 | 失效率 | 事件编号 | 基本事件或未发展事件 | 失效率 |
| W8 | 传动系统故障 | 2.00E−06 | R8 | 安全链断 | 1.00E−05 | G8 | 输出电压有问题 | 1.00E−06 |
| W9 | 控制系统故障 | 3.90E−05 | R9 | 叶片故障 | 7.00E−06 | G9 | 有异常噪声 | 5.80E−08 |
| W10 | 液压失效 | 1.30E−05 | G13 | 过热 | 2.00E−07 | G10 | 参数偏差 | 1.20E−06 |
| W11 | 结构失效 | 4.00E−06 | G14 | 其他原因 | 1.96E−07 | G11 | 仪器读数异常 | 2.00E−07 |
| W12 | 电气故障 | 3.30E−05 | G15 | 外部泄露—通用介质 | 1.15E−06 | G12 | 振动 | 1.96E−07 |

| 塔筒 | | | 半潜式浮式基础 | | |
|:---:|:---:|:---:|:---:|:---:|:---:|
| 事件编号 | 基本事件或未发展事件 | 失效率 | 事件编号 | 基本事件或未发展事件 | 失效率 |
| T1 | 谐振 | 5.00E−06 | F1 | 支柱损坏 | 5.00E−06 |
| T2 | 塔架焊接不良 | 7.00E−06 | F2 | 管接头腐蚀 | 1.30E−05 |
| T3 | 被叶片击中 | 1.10E−05 | F3 | 管接头焊接缺陷 | 3.00E−06 |
| T4 | 制动系统故障 | 7.00E−06 | F4 | 管接头疲劳 | 3.00E−06 |
| T5 | 强风浪 | 5.00E−05 | F5 | 检测不足 | 8.65E−06 |
| T6 | 雷击 | 7.00E−06 | F6 | 台风 | 1.00E−04 |
| T7 | 冰暴 | 1.50E−05 | F7 | 飞机坠毁 | 1.00E−06 |
| T8 | 暴风雨 | 5.50E−05 | F8 | 生物碰撞 | 5.00E−06 |
| T9 | 材料疲劳 | 1.10E−05 | F9 | 倾覆 | 1.00E−06 |
| T10 | 不明原因 | 7.00E−06 | — | — | — |

| 系泊系统 | | | 系泊线断裂 | | |
|:---:|:---:|:---:|:---:|:---:|:---:|
| 事件编号 | 基本事件或未发展事件 | 失效率 | 事件编号 | 基本事件或未发展事件 | 失效率 |
| M1 | 极限海况 | 1.80E−05 | L1 | 卷缆机磨损/脱扣 | 5.56E−06 |
| M2 | 导缆孔腐蚀 | 1.00E−05 | L2 | 过渡链磨损 | 1.01E−05 |
| M3 | 导缆孔疲劳 | 1.70E−05 | L3 | 摩擦链浮筒的磨损或脱扣 | 4.19E−06 |
| M4 | 系泊线断裂 | 7.60E−05 | L4 | 没有有效的维护 | 3.78E−05 |
| M5 | 不适宜的操作海况 | 7.80E−05 | L5 | 系泊线磨损 | 1.60E−05 |

续表

| 系泊系统 | | | 系泊线断裂 | | |
|---|---|---|---|---|---|
| 事件编号 | 基本事件或未发展事件 | 失效率 | 事件编号 | 基本事件或未发展事件 | 失效率 |
| M6 | 突发事件应急措施不足 | 1.00E−06 | L6 | 系泊线疲劳 | 1.70E−05 |
| M7 | 分析和计算错误 | 6.00E−06 | L7 | 系泊线腐蚀 | 5.38E−06 |
| — | — | — | L8 | 压力异常 | 4.07E−05 |
| — | — | — | L9 | 摩擦链磨损/脱扣 | 6.93E−06 |
| — | — | — | L10 | 系泊绞车失败 | 8.00E−06 |

### 6.4.4 系统可靠性定量分析

子树构建完成,失效率数据收集完成,即可计算 4 个模块的失效概率。

风力机模块。如表 6.2 所示,无论海况如何,风轮系统、控制系统和电气系统最有可能发生故障,而机械系统、结构和传动系统的故障概率最低。由于风轮系统和发电机构成具备复杂性和高风险性,需对其重点开展研究,以进一步确定其根本原因(图 6.7~图 6.8)。

对风机故障树进行定量分析,求出最小割集和失效概率。3 个故障树中最小割集组的发生概率按从高到低的顺序分别在表 6.3~表 6.5 中给出。表 6.3 的结果表明,风轮系统是 WT 结构模块中最危险的。如图 6.7 所示,如果编码器 1 和编码器 2 均出现故障,则会出现定位故障。表 6.4 的结果表明,3 种最可能的最小割集是限位开关失效、防雷设备失效和安全链断。

表 6.3 WT 模块故障树最小割集失效概率排序

| 最小割集号 | 失效概率 | 割集的组成 |
|---|---|---|
| 1 | 6.91E−06 | W1 |
| 2 | 6.83E−06 | W9 |
| 3 | 5.78E−06 | W12 |
| 4 | 2.80E−06 | W7 |
| 5 | 2.28E−06 | W10 |
| 6 | 2.22E−06 | W5 |
| 7 | 1.75E−06 | W3 |
| 8 | 1.75E−06 | W4 |
| 9 | 1.58E−06 | W6 |

续表

| 最小割集号 | 失效概率 | 割集的组成 |
|---|---|---|
| 10 | 1.40E−06 | W2 |
| 11 | 7.01E−07 | W11 |
| 12 | 3.50E−07 | W8 |

表 6.4　风轮系统故障树最小割集失效概率排序

| 最小割集号 | 失效概率 | 割集的组成 |
|---|---|---|
| 1 | 1.75E−06 | R7 |
| 2 | 1.75E−06 | R4 |
| 3 | 1.75E−06 | R8 |
| 4 | 1.23E−06 | R9 |
| 5 | 5.26E−07 | R1 |
| 6 | 9.97E−11 | R5,R6 |
| 7 | 3.71E−12 | R2,R3 |

"无法启动"和"正常启动但运行错误"是导致发电机故障的两个原因,见图 6.8。表 6.5 的结果表明,发动机的主要故障模式是伪停止、击穿和启动失败。应保证发电机状态监测系统的正常运行,在设计阶段应防止"结构缺陷"事件发生,在线监测也是必要的。

塔筒在陆地风机中占据了大比例的成本[155]。对于 FOWT 来说,塔筒倒塌,机舱和风轮模块将沉入海底,给电力企业和供电系统带来不可弥补的损失。海上"极端飓风"的发生概率为 9.64E−6,可能直接导致塔架倒塌。如表 6.6 所示,暴风雨、强风浪和冰暴等极端环境是塔筒安全的主要威胁因素。对运营现场的极端环境条件进行充分分析有助于风险管理和维护行动。

表 6.5　发电机故障树最小割集失效概率排序

| 最小割集号 | 失效概率 | 割集的组成 |
|---|---|---|
| 1 | 3.85E−07 | G5,(—)G1 |
| 2 | 2.80E−07 | G6,(—)G1 |
| 3 | 2.80E−07 | G1,(—)G2—G15 |
| 4 | 2.45E−07 | (—)G1,G2 |
| 5 | 2.10E−07 | (—)G1,G10 |
| 6 | 2.02E−07 | (—)G1,G15 |

| 最小割集号 | 失效概率 | 割集的组成 |
|---|---|---|
| 7 | 1.75E−07 | (一)G1,G8 |
| 8 | 1.75E−07 | (一)G1,G4 |
| 9 | 7.01E−08 | (一)G1,G7 |
| 10 | 4.52E−08 | (一)G1,G3 |
| 11 | 3.50E−08 | (一)G1,G13 |
| 12 | 3.50E−08 | (一)G1,G11 |
| 13 | 3.43E−08 | (一)G1,G12 |
| 14 | 3.43E−08 | (一)G1,G14 |
| 15 | 1.02E−08 | (一)G1,G9 |

注:表中(一)表示"不发生"。

表 6.6　塔式模块故障树最小割集失败概率排序

| 最小割集号 | 失效概率 | 割集的组成 |
|---|---|---|
| 1 | 9.64E−06 | T8 |
| 2 | 8.76E−06 | T5 |
| 3 | 2.63E−06 | T7 |
| 4 | 1.93E−06 | T9 |
| 5 | 1.93E−06 | T3 |
| 6 | 1.23E−06 | T6 |
| 7 | 1.23E−06 | T10 |
| 8 | 1.23E−06 | T4 |
| 9 | 1.23E−06 | T2 |
| 10 | 8.76E−07 | T1 |

　　浮式基础破坏的故障树如图 6.10 所示,这里选择了半潜式基础的FOWT。浮式基础系统受风载荷影响显著[160]。此外,管接头腐蚀、管接头焊接缺陷和管接头疲劳 3 个事件的发生将导致管接头失效。当检测不足和管道连接失效同时发生时,将会触发水密失效。表 6.7 显示,落物(如台风带来的生物、飞机和物体)的发生概率最高。由此可知,浮式基础需要安装防撞措施。此外,需要定期检测和适当维护,防止立柱强度的退化,以避免发生严重事故。

　　系泊系统故障的 FT 如图 6.11 所示。系泊线断是所有故障中概率最高的,其次是运行中的不良海况,如表 6.8 所示。表中带括号的最小割集为有序割集,代表内部事件需按从左到右的顺序发生。

表 6.7　半浮式基础模块故障树最小割集概率排序

| 最小割集号 | 失效概率 | 割集的组成 |
|:---:|:---:|:---:|
| 1 | 1.75E−05 | F6 |
| 2 | 8.76E−07 | F8 |
| 3 | 8.76E−07 | F1 |
| 4 | 1.75E−07 | F7 |
| 5 | 1.75E−07 | F9 |
| 6 | 9.54E−25 | F2,F5,F3,F4 |

表 6.8　系泊系统和系泊线断故障的割集发生概率排序

| 系泊系统故障 | | | 系泊线断 | | |
|:---:|:---:|:---:|:---:|:---:|:---:|
| 最小割集号 | 失效概率 | 割集的组成 | 最小割集号 | 失效概率 | 割集的组成 |
| 1 | 1.33E−05 | M4 | 1 | 4.07E−08 | L8 |
| 2 | 3.15E−06 | M1 | 2 | 1.01E−08 | L2 |
| 3 | 2.98E−06 | M3 | 3 | 8.00E−09 | L10 |
| 4 | 1.75E−06 | M2 | 4 | 6.93E−09 | L9 |
| 5 | 1.05E−06 | M7 | 5 | 5.56E−09 | L1 |
| 6 | 2.39E−12 | (M5,M6) | 6 | 4.19E−09 | L3 |
| — | — | — | 7 | 6.43E−16 | (L4,L6) |
| — | — | — | 8 | 6.43E−16 | (L4,L5) |
| — | — | — | 9 | 1.87E−16 | (L4,L7) |

通过系泊线断裂的子故障树进一步详细讨论系泊线断裂的原因。部分系泊线断裂会破坏系统平衡,导致剩余系泊线应力突然增大。为维持 FOWT 系统相对可靠的状态,断裂系泊缆的数量应限制在两个以内。分析结果表明,在评估系泊线生命周期风险时,异常应力、过渡链磨损和系泊绞车失效是必须考虑的主要因素。

综合以上模块,求解浮式风机系统整体的故障树。首先在图 6.12 中,得到所分析的 4 个结构模块的平均失效率。

浮式风电设备 FOWT 系统故障不仅仅是由 4 个结构模块的失效而导致的。图 6.13 建立了浮动风机故障的总故障树,涉及 3 种其他故障原因。第一个是 4 个结构模块之间的相互作用,如塔筒与浮动基础的共振;第二个是整个系统的环境影响,比如火灾、冰暴;第三个是其他因素,例如与其他浮体碰撞。

不同于陆上风电设备,FOWT 系统的风险防控能力需提升,以应对严峻的海上环境,如盐雾腐蚀、水汽凝结、恶劣风浪等。由于暴露于盐雾及空泡中,所以叶片和轮毂表面的腐蚀概率很高,大大削短了其使用寿命,对气动性能也造成了严重影响。同时,在高湿度环境下,如果密封性能不好,当控制柜内和电气系统内部湿度升高时,会增加发生短路等电气事故的概率。所以,配备性能优良的除湿机、防湿凝胶并及时维护对电气系统安全而言至关重要。

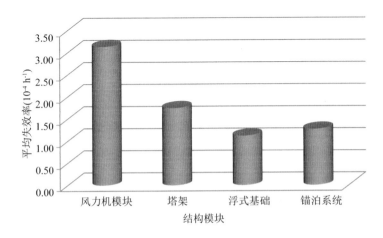

**图 6.12　4 个结构模块的平均失效率计算结果**

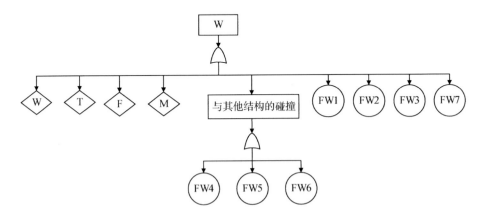

**图 6.13　半潜式浮式风机的故障树**

一般来说,对于 FOWT 而言,风机模块和塔筒的失效概率要高于陆上风机。考虑海洋环境条件对 FOWT 的影响,应对基于陆上数据推理得到的模块失效概率进行修正。鉴于塔筒的故障已考虑海上环境所带来的影响,所以无需对塔筒失效率进行修正,仅对风机模块进行修正。综合文献资料,选择评估校正系数约为 1.6,以提高风机模块故障率的准确性。表 6.2 已给出了 FOWT 故障树中所需底事件的失效概率。

最终得到 FOWT 系统总体中失效概率最高的 20 个最小割集,如图 6.14 所示。结果显示,与非服务船碰撞是影响 FOWT 可靠性的主要因素。FOWT 与船只的碰撞通常是致命事故,建议运营商及时监测定位、检查、维修。另外,为了防止碰撞损坏,安装碰撞保护装置是必不可少的。第二重要因素是风机模块的退化,这与其工作原理的复杂性有关。

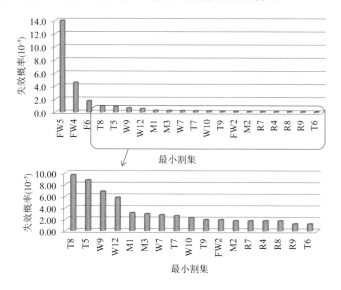

**图 6.14　系统中发生频率最高的 20 个最小割集**

计算设计寿命为 20 年的 FOWT 系统的不可靠度。对于失效周期的假设是在生命周期浴盆曲线的中段,FOWT 的可靠性与时间成正比,失效率取平均值 $1.680\ 5\text{E-}3\ \text{h}^{-1}$。20 年运营周期后,FOWT 的不可靠度最终值为 $3.154\ 8\text{E-}4$,平均无故障时间(MTBF)是 $595.06\ \text{h}$。所以需平均每 24 天维护一次以保证 FOWT 的安全,应关注上述 20 个最小割集所涉及的潜在威胁。如果采用传统设备或原件设计建造浮式风机,则需要提升 20 个最小割集所涉及的元件可靠性,降低故障率,并结合可靠性分配原则进行系统可靠性设计,以达到更高的可靠性要求。

相比于 Carroll 等[169]计算的海上风机每年失效次数为 8.27 次,本章计算的平均每年失效次数为 14.72 次,几乎是其的 1.78 倍。这可能是由于 Carroll 等计算的是海上已有风机的数据,已有的海上风机基本处于近海,属于固定基础式海上风机。而浮式风机的风速较大,会导致风机模块内部各个元件的荷载加大,此外,系统中串联了系泊系统,导致系统失效率要高于海上固定式风机[169]。所以,此结果从工程实际角度来说较为合理。

根据从本章得到的系统可靠性分析结果,可以定位浮式风机的薄弱环节,从而建议对失效概率较大的失效模式应重点进行监测,并结合多传感器监测数据,分析、诊断其健康状态和未来发展动态,实施可行的故障预防措施,最大限度地降低风险。同时,考虑动态性的系统可靠性分析结果比传统方法更加准确,由此得到的薄弱环节对现实的指导意义更大。并且动态故障树方法相比于其他动态可靠性分析方法可表现出来系统可靠性分析的优越性,若利用 Markov、Petri 网、贝叶斯网络等方法分析此浮式风机系统,状态节点数量和状态转移数目将呈指数增长;若利用 Monte-Carlo 法计算故障逻辑门的失效概率,会因事件非常多而消耗大量的时间成本。

## 6.5 本章小结

本章将动态故障树方法应用于海洋装备的系统可靠性分析,重点关注了数据获取、故障树建立、故障树求解方法的研究。为了探究多数据获取方法融合的实用性,尤其是本书提出的类比、修正方法的可行性,以不易获取数据的新型海洋装备——浮式风电系统为例,展示动态故障树对于动态性表征、数据获取、模块化建树、系统可靠性定量分析的详细过程。基于动态故障树对浮式风机进行的定性定量分析,给出了系统的失效模式失效概率的排序,找到了系统的薄弱环节,并估计了系统在 20 年寿命时的不可靠度,给出了维护周期建议。与其他文献统计数据相比,结果基本符合实际情况,证实了动态故障树方法、数据获取方法是可信的,得到的风险防控建议对于实际浮式风电系统的可靠性设计、监测、维护具有重要的参考价值。在海洋结构系统的设计阶段,动态可靠性方法适用于较准确地对系统可靠性分析的动态特性进行识别,对系统的动态可靠性水平进行预估,对不同设计方案进行对比和选择,实现可靠性的优化设计。

# 第 7 章
## 总结和展望

海洋结构物的可靠性监测与分析对于保障系统的安全运营、故障的及时检测、风险的规避、停机时间的缩短、效益的提升等具有重要意义。有利于在产品设计、建造、运行、维护等阶段准确评估、合理监测、有效维护系统的可靠性。本书中的可靠性监测和分析方法研究按照从数据获取到系统可靠性分析的思路展开,将数据的相关性、动态性贯穿全文,通过应用相关性对可恢复的可靠性监测方法进行研究,并通过处理动态、相关特性改善现有的系统可靠性方法。首先归纳总结了不同情况下的可靠性数据获取方法,针对监测系统中存在的传感器易失效的问题提出可恢复监测方法,继而根据前面研究的多种数据获取方法得到数据输入,解决由相关性、动态性引起的系统可靠性计算精度与效率不足的问题,分别研究了基于聚类近似法、动态故障树的海洋结构物系统可靠性分析方法。本书的主要工作总结如下。

（1）通过对海洋结构物在线监测数据、可靠性数据类型、特性、获取方法的归纳和分析,介绍了可直接获取的数据源、样机或模型试验法、现场或数值模拟数据、专家判断法、类比/修正法,分析了不同海洋结构物、不同构件、不同环境下数据的特点、获取方式及适用范围。并重点总结了如何基于监测获取、处理数据,并说明了数据相关性在实际工程中的意义,阐明了可靠性数据体现出的相关性和动态性在可靠性分析中的重要性。

（2）针对监测系统中由于传感器完全失效造成在线数据丢失的问题,提出了迅速恢复丢失数据的方法。基于数据间的相关性提出了利用虚拟传感器替代已失效传感器的思路,继而结合多变量 ARMA 模型,建立起了丢失数据的恢复通道,实现了短时间内数据的迅速恢复。通过在典型案例 FPSO 旁靠系统系统中的应用,表明利用该方法恢复的数据曲线与仿真值吻合良好,即令监测系统具备了抗干扰能力,保障了数据库的完整性,可拓展应用于其他相关水下设备的监测系统中。

（3）针对监测系统无法判别传感器是否失效及构件健康状态的问题，提出了具备可恢复能力的在线故障诊断方法。此方法融合了时间序列分析、改进小波分析、人工神经网络方法，实现了环境缓变情况下的故障特征提取及健康状态判断。FPSO缆绳的实例验证了本书所提出的方法最终实现了监测系统的实时故障诊断，区分了缆绳损伤和传感器失效，利用多传感器信息的融合预报了缆绳的刚度退化，有利于系缆损伤的提前预警，以及时采取防护措施，保证输油作业的安全。此方法适用于诊断水下重要构件等的健康状态。

（4）为解决系统可靠性分析近似方法精度不足的问题，提出了聚类近似法。本书提出的方法基于聚类对众多失效模式进行了简化，根据较小的相关性最小化组外的相关性，采用相关度概念计及了组内失效模式间的相关性，通过FPSO旁靠输油系泊系统的验证，可靠度结果精度约为99.69%，接近理论值，并且结果对相关系数界值的变化不敏感，可靠度的计算结果可信度较高，为系统运行、设计、维护等阶段的可靠性初步预计与优化提供了依据。

（5）为了解决海洋结构物系统可靠性分析中失效模式间存在动态失效的问题，进行了动态故障树在海洋结构物中的应用研究，通过系统分级、多方法融合的数据获取、动态逻辑门概率近似计算的融合，重点解决了可靠性数据难以获取、故障树定量分析困难的问题。通过将动态故障树在浮式风电系统这种新型浮式结构物中的应用，得到了与统计结果和实际经验基本相符的可靠性结果，继而给出了维护策略建议，为浮式风电系统的可靠性设计、优化提供了依据。本书对动态故障树方法的研究可以为其他海洋结构系统提供借鉴。

未来对于相关方法的研究可从以下方面继续展开：

（1）本书仅假设某一个传感器失效，未来的研究可针对多传感器失效的情况，进一步研究在线数据恢复与在线故障诊断方法。

（2）本书所提方法在推广时应注意其适用范围、基本假设和前提，鉴于实际情况的特殊性，可进行方法的适当更新。

# 参考文献

［1］简·埃里克·维南. 海洋工程设计手册—风险评估分册[M]. 上海：上海交通大学出版社，2012.

［0］Aven T, Jensen U. Stochastic Models in Reliability[M]. New York：Springer，1999：393-404.

［3］Cai K Y. System failure engineering and fuzzy methodology：An introductory overview[M]. Amsterdam：Elsevier North-Holland, Inc. , 1996：113-133.

［4］Elsayed E A. 可靠性工程(第 2 版)[M]. 杨舟，译. 北京：电子工业出版社，2013.

［5］张雨，徐小林，张建华. 设备状态监测与故障诊断的理论和实践[M].长沙：国防科技大学出版社，2000.

［6］何正嘉，黄绍毅. 机械故障诊断案例选编[M]. 西安：西安交通大学出版社，1992.

［7］丁晖. 金属氧化物半导体型气体传感器在气体分析应用中关键问题的研究[D]. 西安：西安交通大学，2004.

［8］Kimoto A, Shida K. A New Multifunctional Sensor Using Piezoelectric Ceramic Transducers for Simultaneous Measurements of Propagation Time and Electrical Conductance[J]. IEEE Transactions on Instrumentation & Measurement，2008，57(11)：2542-2547.

［9］Wang X, Wei G, Sun J W. B-Spline Approximation Using an EKF for Signal Reconstruction of Nonlinear Multifunctional Sensors[J]. IEEE Transactions on Instrumentation & Measurement，2011，60(6)：1952-1958.

［10］王祁，赵以宝，谢声斌. 多功能传感器[J]. 传感器与微系统，1999，18(1)：54-56.

［11］徐鹏. 自确认传感器故障诊断及数据恢复方法研究[D]. 哈尔滨：哈尔滨工业大学，2014.

［10］Coleridge S T. 柯勒律治诗选[M]. 袁宪军，译. 福州：福建教育出版社，2015.

［13］Saleh J H, Marais K. Highlights from the early (and pre-) history of reliability engineering[J]. Reliability Engineering & System Safety，2006，91(2)：249-256.

［14］Coppola A. Reliability engineering of electronic equipment a historical perspective

[J]. IEEE Transactions on Reliability, 1984, R-33(1):29-35.

[15] Zio E. Reliability engineering: Old problems and new challenges[J]. Reliability Engineering & System Safety, 2009, 94(2): 125-141.

[16] 李永华. 稳健可靠性理论及优化方法研究[D]. 大连:连理工大学, 2005.

[17] 张圣坤, 白勇, 唐文勇. 船舶与海洋工程风险评估[M]. 长沙:国防工业出版社, 2003.

[18] 赵宇. 可靠性数据分析[M]. 长沙:国防工业出版社, 2011.

[19] Crowcroft J, Levin L, Segal M. Using data mules for sensor network data recovery [J]. Ad Hoc Networks, 2016, 40: 26-36.

[20] Nasrolahi S S, Abdollahi F. Sensor fault detection and recovery in satellite attitude control[J]. Acta Astronautica, 2018, 145: 275-283.

[21] Xue B, Zhang L H, Zhu W P, et al. A new sensor selection scheme for Bayesian learning based sparse signal recovery in WSNs[J]. Journal of the Franklin Institute-Engineering and Applied Mathematics, 2018, 355(4): 1798-1818.

[20] Anderson R S. Cyber Security and Resilient Systems[C]// Proceedings of the Institute of Nuclear Materials Management 50th Annual Meeting. US, 2009.

[23] Bishop M, Carvalho M, Ford R, et al. Resilience is more than availability[C]// Proceedings of the 2011 New Security Paradigms Workshop, 2011.

[24] Di Marzo Serugendo Giovanna, Fitzgerald J, Romanovsky A. A metadata-based architectural model for dynamically resilient systems[C]// Proceedings of the 2007 ACM Symposium on Applied Computing, 2007.

[25] Garcia H E, Jhamaria N, Kuang H, et al. Resilient Monitoring System: Design and Performance Analysis[C]// Proceedings of 2011 4th International Symposium on Resilient Control Systems, 2011.

[26] Garcia H E, Lin W C, Meerkov S M. A Resilient Condition Assessment Monitoring System[C]// Proceedings of the 5th International Symposium on Resilient Control Systems, 2012: 98-105.

[27] Hollnagel E, David D W, Leveson N. Resilience Engineering : Concepts and Precepts[J]. Quality & Safety in Health Care, 2006, 15(6): 447.

[28] Ji K, Wei D. Resilient control for wireless networked control systems[J]. International Journal of Control Automation & Systems, 2011, 9(2): 285-293.

[29] Rieger C G, Gertman D I, Mcqueen M A. Resilient control systems: Next generation design research[C]// Proceedings of the 2nd IEEE Conference on Human System Interactions, 2009: 632-636.

[30] Villez K, Venkatasubramanian V, Garcia H, et al. Achieving resilience in critical in-

frastructures：A case study for a nuclear power plant cooling loop［C］// Proceedings of 2010 3rd International Symposium on Resilient Control Systems，2010：49-52.

［31］ Silva-Campillo A，Pérez-Arribas F，Carlos Suárez-Bermejo J. Health-Monitoring Systems for Marine Structures：A Review［J］. Sensors，2023，23(4)：2099.

［30］ Ji K，Lu Y，Liao L，et al. Prognostics enabled resilient control for model-based building automation systems［C］// Proceedings of Building Simulation 2011：12th Conference of International Building Performance Simulation Association，2011：286 -293.

［33］ Garcia H E，Meerkov S M，Ravichandran M T. Resilient plant monitoring systems：Techniques，analysis，design，and performance evaluation［J］. Journal of Process Control，2015，32：51-63.

［34］ T Ravichandran M. Resilient Monitoring and Control Systems：Design，Analysis，and Performance Evaluation［D］. Ann Arbor：University of Michigan，2015.

［35］ Henry M P，Clarke D W. The self-validating sensor：Rationale，definitions and ex-amples［J］. Control Engineering Practice，1993,1(4)：585-610.

［36］ Liao H T，Sun J. Nonparametric and Semi-Parametric Sensor Recovery in Multichannel Condition Monitoring Systems［J］. IEEE Transactions on Automation Science and Engineering，2011，8(4)：744-753.

［37］ Sun J，Liao H T，Upadhyaya B R. A Robust Functional-Data-Analysis Method for Data Recovery in Multichannel Sensor Systems［J］. IEEE Transactions on Cybernet-ics，2014，44(8)：1420-1431.

［38］ 黄宴委，吴登国，李竣. 基于极限学习机的结构健康监测数据恢复［J］. 计算机工程，2011，37(16)：241-243.

［39］ 刘金明，谢秋菊，王雪，等. 基于GSA-SVM的畜禽舍废气监测缺失数据恢复方法［J］. 东北农业大学学报，2015，43(5)：421-423.

［40］ 盛兆顺，尹琦岭. 设备状态监测与故障诊断技术及应用［M］. 北京：化学工业出版社，2003.

［41］ 谢思远. 基于粒子群优化模糊聚类的煤气鼓风机故障诊断系统研究［D］. 重庆：重庆大学，2011.

［40］ 刘冬生. 基于小波分析和神经网络的电机故障诊断系统研究［D］. 天津：天津理工大学，2008.

［43］ Frank P M. Analytical and Qualitative Model-based Fault Diagnosis-A Survey and Some New Results［J］. European Journal of Control，1996，2(1)：6-28.

［44］ 张建民. 基于波形分析技术的电力电子电路故障诊断方法研究［D］. 长沙：湖南大学，2007.

[45] 鄂加强. 智能故障诊断及其应用[M]. 长沙:湖南大学出版社，2006.

[46] Engel S J, Gilmartin B J, Bongort K, et al. Prognostics, the Real Issues Involved with Predicting Life Remaining[C]// Proceedings of Aerospace Conference, 2002: 457-469.

[47] Yan J, Muammerko K, Lee J. A prognostic algorithm for machine performance assessment and its application[J]. Production Planning & Control, 2004, 15(8): 796-801.

[48] Vachtsevanos G, Wang P. Fault Prognosis Using Dynamic Wavelet Neural Networks [C]// Proceedings of IEEE Systems Readiness Technology Conference, 2001: 857-870.

[49] Chinnam R B. A neuro-fuzzy approach for estimating mean residual life in condition-based maintenance systems[J]. International Journal of Materials & Product Technology, 2004, 20(1): 166-179.

[50] Gebraeel N, Pan J. Prognostic Degradation Models for Computing and Updating Residual Life Distributions in a Time-Varying Environment[J]. IEEE Transactions on Reliability, 2008, 57(4): 539-550.

[51] Hawman M W. Health monitoring system for the SSME-Program overview[C]// Proceedings of 26th Joint Propulsion Conference, 1990: 1-10.

[50] 王建波. 液体火箭发动机泄漏故障机理及检测方法的研究[D]. 哈尔滨:哈尔滨工业大学，2000.

[53] 张纯良，张振鹏，祝刚. 利用改进时序模型提取空间推进系统特征参数[J]. 推进技术，2002, 23(6): 457-459.

[54] 薛光辉，吴淼. 机电设备故障诊断方法研究现状与发展趋势[J]. 煤炭工程，2010 (5): 103-105.

[55] Silva A A, Bazzi A M, Gupta S. Fault Diagnosis in Electric Drives Using Machine Learning Approaches[C]// Proceedings of Electric Machines & Drives Conference, 2013: 722-726.

[56] 殷亚平. 基于学习算法的复杂故障诊断模型与方法研究[D]. 北京:北京交通大学，2007.

[57] 孟苓辉. 牵引变流器的故障预测与健康管理(PHM)及可靠性评估技术研究[D]. 北京:北京交通大学，2017.

[58] Cramer E, Kamps U. Estimation with Sequential Order Statistics from Exponential Distributions[J]. Annals of the Institute of Statistical Mathematics, 2001, 53(2): 307-324.

[59] Navarro J, Ruiz J M, Sandoval C J. A note on comparisons among coherent systems

with dependent components using signatures[J]. Statistics & Probability Letters, 2008, 72(2): 179-185.

[60] Hu T, Hu J. Comparison of order statistics between dependent and independent random variables[J]. Statistics & Probability Letters, 1998, 37(37): 1-6.

[61] Nelsen R B. An Introduction to Copulas[M]. New York: Springer, 2006:1-100.

[60] Sklar A. Fonctions de répartition à n dimensions et leurs marges[M]. Paris: Publications de l'Institut de Statistique de l'Uni- versité de Paris, 1959: 229-231.

[63] Eryilmaz S. Estimation in coherent reliability systems through copulas[J]. Reliability Engineering & System Safety, 2011, 96(5): 564-568.

[64] Navarro J, Balakrishnan N. Study of some measures of dependence between order statistics and systems[J]. Journal of Multivariate Analysis, 2010, 101(1): 52-67.

[65] Ram M, Singh S B. Analysis of reliability characteristics of a complex engineering system under copula[J]. Journal of Reliability & Statistical Studies, 2009, 2(1): 91 -102.

[66] 刘东. 动态故障树分析方法[M]. 北京:国防工业出版社, 2013.

[67] Van Moorsel AAD P A, Haverkort B R. Probabilistic evaluation for the analytical solution of large Markov models: Algorithms and tool support[J]. Microelectronics Reliability, 1995, 36(6): 733-755.

[68] Wang Y, Li W, Lu J. Reliability Analysis of Phasor Measurement Unit Using Hierarchical Markov Modeling[J]. Electric Machines & Power Systems, 2009, 37(5): 517-532.

[69] Matsuoka T, Kobayashi M. GO-FLOW: A New Reliability Analysis Methodology [J]. Nuclear Science & Engineering, 1988, 98(1): 64-78.

[70] Williams R L, Gately W V. GO Methodology-Overview[R/OL]. (1978-05-01). https://www. osti. gov/servlets/purl/7061713/.

[71] 沈祖培,唐辉. 有共因失效的系统可靠性的GO法分析[J]. 清华大学学报(自然科学版), 2006, 46(6): 829-832.

[70] 周忠宝. 基于贝叶斯网络的概率安全评估方法及应用研究[D]. 长沙:国防科学技术大学, 2006.

[73] Pearl J. Fusion, propagation, and structuring in belief networks[J]. Artificial Intelligence, 1986, 29(3): 241-288.

[74] Barlow R E, Mensing R W, Smiriga N G. Using Influence Diagrams to Solve a Calibration Problem[M]// Viertl R. Probablity and Bayesian Statistics, 1987: 17-30.

[75] Boudali H, Dugan J B. A new Bayesian network approach to solve dynamic fault trees[C]// Annual Reliability and Maintainability Symposium, 2005. Proceedings,

2005：451-456.

[76] Boudali H，Dugan J B．A continuous-time Bayesian network reliability modeling，and analysis framework[J]．IEEE Transactions on Reliability，2006，55(1)：86-97.

[77] Zhang L B，Wu S N，Zheng W P，et al．A dynamic and quantitative risk assessment method with uncertainties for offshore managed pressure drilling phases[J]．Safety Science，2018，104：39-54.

[78] Wang Y F，Qin T，Li B A，et al．Fire probability prediction of offshore platform based on Dynamic Bayesian Network[J]．Ocean Engineering，2017，145：112-123.

[79] 秦益霖，刘坤．基于随机 Petri 网的性能与可靠性评价[J]．工矿自动化，2004(3)：20-22.

[80] 林闯．随机 Petri 网和系统性能评价[M].北京:清华大学出版社，2000.

[81] Fishman G S．A comparison of four monte carlo methods for estimating the probability of s-t connectedness[J]．IEEE Transactions on Reliability，1986，35(2)：145 -155.

[80] Geist R．Extended behavioral decomposition for estimating ultrahigh reliability[J]．IEEE Transactions on Reliability，2002，40(1)：22-28.

[83] Oliveira G C，Pereira M V F，Cunha S H F．A technique for reducing computational effort in Monte-Carlo based composite reliability evaluation[J]．IEEE Transactions on Power Systems，1989，4(4)：1309-1315.

[84] 徐钟济．蒙特卡罗方法[M].上海:上海科学技术出版社，1985.

[85] Dugan J B，Bavuso S J，Boyd M A．Dynamic fault-tree models for fault-tolerant computer systems[J]．IEEE Transactions on Reliability，1992，41(3)：363-377.

[86] Dutuit Y，Rauzy A．A linear-time algorithm to find modules of fault trees[J]．IEEE Transactions on Reliability，1996，45(3)：422-425.

[87] Gulati R，Dugan J B．A Modular Approach for Analyzing Static and Dynamic Fault Trees[C]．Proceedings of Reliability and Maintainability Symposium，1997：57-63.

[88] Sun H，Andrews J D．Identification of independent modules in fault trees which contain dependent basic events[J]．Reliability Engineering & System Safety，2004，86 (3)：285-296.

[89] Meshkat L，Xing L，et al．An overview of the phase-modular fault tree approach to phased-mission system analysis[C]// Proceedings of the 1st International Conference on Space Mission Challenges for Information Technology，2003：393-398.

[90] 方来华，吴宗之，康荣学，等．安全设备失效数据获取与计算[J]．中国安全生产科学技术，2010，6(3)：121-125.

[91] Langseth H，Haugen K，Sandtorv H．Analysis of OREDA data for maintenance op-

timisation[J]. Reliability Engineering & System Safety，1998，60（2）：103-110.

［90］ 马文·拉桑德. 风险评估：理论、方法与应用[M]. 刘一骝，译. 北京：清华大学出版社，2013.

［93］ 张秀义. 世界石油天然气工业 HSE 管理的新进展[J]. 油气田环境保护，2001，11（1）：11-13.

［94］ 何水清，王善. 结构可靠性分析与设计[M].北京：国防工业出版社，1993.

［95］ 高占凤. 大型结构健康监测中信息获取及处理的智能化研究[D]. 北京：北京交通大学，2010.

［96］ Brockwell P J，Davis R A. Introduction to Time Series Analysis and Forecasting (Second Edition)[M]. New York：Springer，2002.

［97］ Brockwell P J，Davis R A. 时间序列的理论与方法（第 2 版）[M]. 北京：世界图书出版公司，2015.

［98］ Ziegel E. Applied Econometric Time Series[J]. Technometrics，1995，37（4）：469-470.

［99］ 谭斌. 几种时间序列分析方法的比较与应用[J]. 统计与咨询，2007(6)：20-21.

［100］ Yoon H，Yang K，Shahabi C. Feature Subset Selection and Feature Ranking for Multivariate Time Series[J]. IEEE Transactions on Knowledge and Data Engineering，2005，17(9)：1186-1198.

［101］ Lütkepohl H. New Introduction to Multiple Time Series Analysis[M]. Berlin：Springer Verlag，1991：434-435.

［100］ Zhang X，Sun L，Ma C，et al. A reliability evaluation method based on the weakest failure modes for side-by-side offloading mooring system of FPSO[J]. Journal of Loss Prevention in the Process Industries，2016，41：129-143.

［103］ Zhang X，Ni W，Liao H，et al. Improved condition monitoring for an FPSO system with multiple correlated components[J]. Measurement，2020，166：108223.

［104］ American Petroleum Institute. Recommended practice for planning，designing and constructing fixed offshore platforms— working stress design：API RP 2A-WSD[S/OL]. Washington：API Publishing Service，2014. ［2021-11-16］. https：//www.doc88. com/p-3062313039034. html.

［105］ OCIMF. Guidelines for the Purchasing and Testing of SPM Hawsers[M]. London：Witherby，2000.

［106］ Sevi H，Rilling G，Borgnat P. Harmonic analysis on directed graphs and applications：From Fourier analysis to wavelets[J]. Applied and Computational Harmonic Analysis，2023，62：390-440.

［107］ Robertson D C，Camps O I，Mayer J S，et al. Wavelets and electromagnetic power system transients[J]. IEEE Transactions on Power Delivery, 1996, 11(2): 1050 -1058.

[108] Lin J, Qu L. Feature extraction based on morlet wavelet and its application for mechanical fault diagnosis[J]. Journal of Sound and Vibration, 2000, 234(1): 135 -148.

[109] Rodriguez N, Cabrera G, Lagos C, et al. Stationary Wavelet Singular Entropy and Kernel Extreme Learning for Bearing Multi-Fault Diagnosis[J]. Entropy. 2017, 19 (10): 541.

[110] Mix D F, Olejniczak K J. 小波基础及应用教程[M]. 杨志华, 杨力华, 译. 北京: 机械工业出版社, 2006.

[111] Wang D, Miao Q, Kang R. Robust health evaluation of gearbox subject to tooth failure with wavelet decomposition[J]. Journal of Sound & Vibration, 2009, 324 (3): 1141-1157.

[110] Nejad F M, Zakeri H. An optimum feature extraction method based on Wavelet-Radon Transform and Dynamic Neural Network for pavement distress classification [J]. Expert Systems with Applications, 2011, 38(8): 9442-9460.

[113] Helsen J, Sitter G D, Jordaens P J. Long-Term Monitoring of Wind Farms Using Big Data Approach[C]// Proceedings of IEEE International Conference on Big Data Computing Service and Applications (BigDataService), 2016.

[114] Alsina E F, Bortolini M, Gamberi M, et al. Artificial neural network optimisation for monthly average daily global solar radiation prediction[J]. Energy Conversion and Management, 2016, 120: 320-329.

[115] Bhattacharyya S C, Thanh L T. Short-term electric load forecasting using an artificial neural network: case of Northern Vietnam[J]. International Journal of Energy Research, 2004, 28(5): 463-472.

[116] Kaur T, Kumar S, Segal R. Application of artificial neural network for short term wind speed forecasting[C]// Proceedings of 2016 Biennial International Conference on Power and Energy Systems: Towards Sustainable Energy (PESTSE), 2016.

[117] Schaap M G, Leij F J, van Genuchten M Th. Neural Network Analysis for Hierarchical Prediction of Soil Hydraulic Properties[J]. Soil Science Society of America Journal, 1998, 62(62): 847-855.

[118] Chauvin Y, Rumelhart D E. Backpropagation: Theory, Architectures and Applications[M]. Hewes ed. Hillsdale, NJ: Lawrence Erlbaum Associates, Inc., 1995.

[119] Hassoun M H. Fundamentals of Artificial Neural Networks[C]// Proceedings of the IEEE, 1996, 84(6): 906.

［120］《海洋石油工程设计指南》编委会. 海洋石油工程 FPSO 与单点系泊系统设计［M］.
北京：石油工业出版社，2007.

［121］陈建民，李淑民，韩志勇. 海洋石油工程［M］. 北京：石油工业出版社，2015.

［120］Mao Y, Wang T, Duan M. A DNN-based approach to predict dynamic mooring ten-
sions for semi-submersible platform under a mooring line failure condition［J］. Ocean
Engineering，2022，266，Part 1：112767.

［123］Nazligul Y E, Yazir D. Comparison of automated mooring systems against existing
mooring systems by using the IF-TOPSIS method［J］. Ocean Engineering，2023，
285，Part 2：115269.

［124］赵国藩. 工程结构可靠性理论与应用［M］. 大连：大连理工大学出版社，1996.

［125］肖刚，李天柂. 系统可靠性分析中的蒙特卡罗方法［M］. 北京：科学出版社，2003.

［126］陆海涛，董玉革. 结构系统可靠性计算的两种近似方法［J］. 机械科学与技术，
2014，33(7)：971-974.

［127］Song B F. A numerical integration method in affine space and a method with high
accuracy for computing structural system reliability［J］. Computers & Structures，
1992，42(42)：255-262.

［128］DreznerZ. Computation of the multivariate normal integral［J］. ACM Transactions
on Mathematical Software，1992，18(18)：470-480.

［129］Leite da Silva A M,Fernández R A G，Singh C. Generating Capacity Reliability E-
valuation Based on Monte Carlo Simulation and Cross-Entropy Methods［J］. IEEE
Transactions on Power Systems，2010，25(1)：129-137.

［130］Ang A H，Bennett R M. On Reliability of Structural Systems［C］// Proceedings of
Ship Structure Symposium，1984.

［131］ Ditlevsen O. Narrow Reliability Bounds for Structural Systems［J］. Journal of
Structural Mechanics，1979，7(4)：453-472.

［130］李云贵，赵国藩. 结构体系可靠度的近似计算方法［J］. 土木工程学报，1993(5)：
70-76.

［133］Gollwitzer S，Rackwitz R. Equivalent components in first-order system reliability
［J］. Reliability Engineering，1983，5(2)：99-115.

［134］Hohenbichler M，Rackwitz R. First-order concepts in system reliability［J］. Struc-
tural Safety，1982，1(3)：177-188.

［135］周金宇，谢里阳，王学敏. 失效相关结构系统可靠性分析及近似求解［J］. 东北大
学学报(自然科学版)，2004，25(1)：74-77.

［136］张小庆，康海贵，王复明. 一种新的体系可靠度的近似计算方法［J］. 工程力学，
2004，21(1)：93-97.

[137] 郭书祥. 结构体系失效概率计算的一种快速有效方法[J]. 计算力学学报, 2007, 24(1): 107-110.

[138] Cornell C A. A Probability-based structural code[J]. Journal of the American Concrete Institute, 1969, 66(12): 974-985.

[139] Hu A, Huang J, Zhang H, et al. Normal distribution test study for hydrological serial[C]// Proceedings of 2011 International Symposium on Water Resource and Environmental Protection, 2011.

[140] Moan T, Ayala-Uraga E. Reliability-based assessment of deteriorating ship structures operating in multiple sea loading climates[J]. Reliability Engineering & System Safety, 2008, 93(3): 433-446.

[141] Rendón-Conde C, Heredia-Zavoni E. Reliability assessment of mooring lines for floating structures considering statistical parameter uncertainties[J]. Applied Ocean Research, 2015, 52(2): 295-308.

[140] 张红林. 动态系统可靠性分析关键技术研究[D]. 长沙:国防科学技术大学, 2011.

[143] 朱继洲. 故障树原理和应用[M]. 西安:西安交通大学出版社, 1989.

[144] Amari S, Dill G, Howald E. A new approach to solve dynamic fault trees[C]// Proceedings of Annual Reliability and Maintainability Symposium, 2003.

[145] 高顺川, 周忠宝, 郑龙, 等. 一种动态故障树顶事件发生概率的近似算法[J]. 微计算机信息, 2006, 22(16): 209-211.

[146] 牟立峰. 基于构件的软件开发中的构件供应商任务指派及构件选择方法[D]. 沈阳:东北大学, 2010.

[147] Kareem A. Nonlinear dynamic analysis of compliant offshore platforms subjected to fluctuating wind[J]. Journal of Wind Engineering and Industrial Aerodynamics, 1983, 14(1-3): 345-356.

[148] Kim D H, Lee S G. Reliability analysis of offshore wind turbine support structures under extreme ocean environmental loads[J]. Renewable Energy, 2015, 79(1): 161 -166.

[149] Agarwal P, Manuel L. Incorporating irregular nonlinear waves in coupled simulation and reliability studies of offshore wind turbines[J]. Applied Ocean Research, 2011, 33(3): 215-227.

[150] Marino E, Borri C, Peil U. A fully nonlinear wave model to account for breaking wave impact loads on offshore wind turbines[J]. Journal of Wind Engineering and Industrial Aerodynamics, 2011, 99(4): 483-490.

[151] Arabian-Hoseynabadi H, Oraee H, Tavner P J. Failure Modes and Effects Analysis (FMEA) for wind turbines[J]. International Journal of Electrical Power & Energy

Systems，2010，32(7)：817-824.

[150] Márquez F P G, Tobias A M, Pérez J M P, et al. Condition monitoring of wind turbines: Techniques and methods[J]. Renewable Energy, 2012, 46: 169-178.

[153] Pérez J M P, Márquez F P G, Tobias A, et al. Wind turbine reliability analysis[J]. Renewable & Sustainable Energy Reviews, 2013, 23: 463-472.

[154] Ribrant J, Bertling L M. Survey of Failures in Wind Power Systemswith Focus on Swedish Wind Power Plants During 1997—2005[J]. IEEE Transactions on Energy Conversion, 2007, 22(1): 167-173.

[155] Chou J-S, Tu W-T. Failure analysis and risk management of a collapsed large wind turbine tower[J]. Engineering Failure Analysis, 2011, 18(2011): 295-313.

[156] Dai L J, Ehlers S, Rausand M, et al. Risk of collision between service vessels and offshore wind turbines[J]. Reliability Engineering & System Safety, 2013, 109: 18 -31.

[157] 白旭，孟朋，王晓天. 基于灰色理论对海上风机塔架承载能力的预测[J]. 工程与试验，2011，51(2):1-3.

[158] Hameed Z, Vatn J, Heggset J. Challenges in the reliability and maintainability data collection for offshore wind turbines[J]. Renewable Energy, 2011, 36(8): 2154 -2165.

[159] Laura C S, Vicente D C. Life-cycle cost analysis of floating offshore wind farms[J]. Renewable Energy, 2014, 66: 41-48.

[160] Myhr A, Bjerkseter C, Agotnes A, et al. Levelised cost of energy for offshore floating wind turbines in a life cycle perspective[J]. Renewable Energy, 2014, 66: 714-728.

[161] Zhang R Y, Tang Y G, Hu J, et al. Dynamic response in frequency and time domains of a floating foundation for offshore wind turbines[J]. Ocean Engineering, 2013, 60: 115-123.

[160] 杨校生. 风力发电技术与风电场工程[M]. 北京:化学工业出版社，2012.

[163] Zhang X, Sun L P, Sun H, et al. Floating offshore wind turbine reliability analysis based on system grading and dynamic FTA[J]. Journal of Wind Engineering and Industrial Aerodynamics, 2016, 154: 21-33.

[164] 王致杰，刘三明，孙霞. 大型风力发电机组状态监测与智能故障诊断[J]. 热能动力工程，2013(6)：615.

[165] 孙海，孙丽萍，樊红元. FPSO串靠外输的断缆可靠性与风险分析[J]. 哈尔滨工程大学学报，2011，32(1)：11-15.

[166] 白旭，孙丽萍，孙海，等. 基于FMEA和FTA的海洋结构物吊装运输过程风险分

析[J]. 中国造船，2012，53(4)：171-179.

[167] Global Wind Energy Council. Global Wind Report－Annual Market Update 2014 [R]. 2014.

[168] OREDA Participants. Offshore reliability data handbook[M]. 5th ed. OREDA Participants，2009.

[169] Carroll J，Mcdonald A，Mcmillan D. Failure rate，repair time and unscheduled O&M cost analysis of offshore wind turbines[J]. Wind Energy，2016，19(6)：1107-1119.

[170] Faulstich S，Hahn B，Tavner P J. Wind turbine downtime and its importance for offshore deployment[J]. Wind Energy，2011，14(3)：327-337.